国家林业和草原局普通高等教育"十三五"规划教材

高等院校园林与风景园林专业规划实践教材

园林树木栽培养护学实习实验指导书

袁 涛 主编

中国林业出版社

内 容 提 要

本教材是"园林树木栽培养护学"课程的实习实验指导用书，是在北京林业大学园林学院内部使用的《园林树木栽培养护学实习实验指导》基础上进一步扩充、完善而成的。教材图文并茂，共包括12个实习/实验：园林树木树体结构、枝芽特性及树形演变观察，园林树木物候期的观测，花芽分化观察实验，绿化种植设计和绿化施工说明书的编写，园林树木栽植，大树移植，观赏花木冬季修剪，园林树木市政灾害调查，公共绿地中园林树木安全性调查，古树名木复壮及养护管理，专类园中主栽树木养护管理调查，园林树木周年养护历的制定。

本教材可以作为园林、风景园林、观赏园艺、城市林业、林学等专业本科或专科学生的必修或参考教材，也可供有关从业者及行业管理人员参考。

图书在版编目(CIP)数据

园林树木栽培养护学实习实验指导书 / 袁涛主编. — 北京：中国林业出版社，2018. 7
国家林业和草原局普通高等教育"十三五"规划教材　高等院校园林与风景园林专业规划实践教材
ISBN 978-7-5038-9685-9

Ⅰ.①园…　Ⅱ.①袁…　Ⅲ.①园林树木-栽培学-高等学校-教学参考资料　Ⅳ.①S68

中国版本图书馆 CIP 数据核字(2018)第 170380 号

国家林业和草原局生态文明教材及林业高校教材建设项目

中国林业出版社·教育出版分社

策划编辑：康红梅　　　　责任编辑：田　苗
电　　话：83143551　83143557　传　　真：83143516

出版发行　中国林业出版社(100009　北京西城区德内大街刘海胡同7号)
　　　　　E-mail：jiaocaipublic@163.com　电　话：(010)83143500
　　　　　网 站：http://lycb.forestry.gov.cn
经　　销　新华书店
印　　刷　北京中科印刷有限公司
版　　次　2018年7月第1版
印　　次　2018年7月第1次印刷
开　　本　787mm×1092mm　1/16
印　　张　6.5
字　　数　150千字
定　　价　25.00元

《园林树木栽培养护学实习实验指导书》
编写人员

主　　编　袁　涛

副 主 编　孙　明　李庆卫

编写人员　（按姓氏拼音排序）

陈瑞丹（北京林业大学）

李庆卫（北京林业大学）

孙　明（北京林业大学）

王丹丹（北京林业大学）

袁　涛（北京林业大学）

前 言

Preface

　　20世纪80年代至今，是中国历史上城乡建设和园林绿地发展速度最快、成就最大的时期，传统复兴与革故鼎新并行。一方面，国内因地制宜之独创与国外技术引进纷至沓来，日新月异，园林树木栽培、绿化施工、养护管理的内涵由此不断扩展，风景园林学科相应的教学实践也在持续地完善和革新；另一方面，绿化施工、绿地养护人才一直供不应求，行业对人才的综合素质要求水涨船高，实习实验教学的重要性日益凸显。

　　应学科发展和教学要求，我们结合行业发展成果、已颁布的行业标准与规范，参考国内外相关文献，在多年的教学和实践经验的基础上，编撰了《园林树木栽培养护学实习实验指导书》。

　　本教材是"园林树木栽培养护学"课程配套的实习实验指导用书，适用于园林绿地中（不包括苗圃）树木栽培养护实习实验教学。

　　教材图文并茂，甄选12个实习/实验，在承继北京林业大学园林学院内部使用的《园林树木栽培养护学实习实验指导》的基础上，进一步扩充、完善，新增了"园林树木市政灾害调查""公共绿地中园林树木安全性调查""古树名木复壮与养护管理"等新内容。

　　本教材由袁涛主编。编写分工如下：实验一由袁涛、王丹丹完成；实习二由袁涛、陈瑞丹完成；实验三，实习六、十一、十二由孙明完成；实习四、五、八、九、十由袁涛完成；实习七由李庆卫、袁涛完成。王丹丹完成线描图的绘制，北京林业大学园林2013级本科生张笑来和观赏园艺2014级本科生朴星茚同学绘制少量线描图，园林2013级本科生梁海珊同学提供台湾古树支撑图片。教材中其他图片除特别注明外，全部由编者拍摄或来自《园林树木栽培养护学》（第2版）（高等教育出版社2012年出版）。

　　本教材可以作为园林、风景园林、园艺、城市林业、林学等专业本科或高职学生的实践教材或参考书，也可供相关从业者及行业管理人员参考。

　　由于水平有限，教材中难免有不足及疏漏之处，敬请读者批评、指正。

编　者
2017年12月

目 录

Content

实验一
园林树木树体结构、枝芽特性及树形演变观察

一、概述

(一) 树体结构和枝芽分类

1. 树体结构

树体结构包括树冠和主干，树冠中有中干、主枝、侧枝、花枝组、延长枝等(图1-1)。

树冠　主干以上枝叶部分的统称。

主干　第一个分枝点至地面的部分。

中干　主干在树冠中的延长部分。

主枝　着生在中干上面的主要枝条。

侧枝　着生在主枝上面的主要枝条。

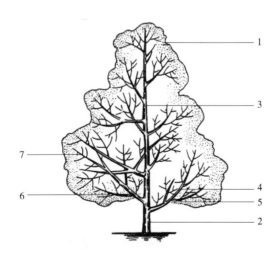

图 1-1　树体结构图

1. 树冠　2. 主干　3. 中干　4. 主枝　5. 侧枝　6. 花枝组　7. 延长枝

花枝组　由开花枝和营养枝共同组成的一组枝条。

延长枝　各级骨干枝先端延长生长的枝条。

骨干枝　组成树冠骨架永久性枝的统称，如主干、中干、主枝、侧枝、延长枝等。

2. 枝的类型

(1)根据枝条在树体上的位置，分为主干、中干、主枝、侧枝、延长枝等(图1-2)。

图1-2　枝条类型

1. 直立枝　2. 斜生枝　3. 水平枝
4. 下垂枝　5. 内向枝　6. 平行枝
7. 重叠枝　8. 交叉枝　9. 并生枝

(2)根据枝条的姿势及相互关系分为：

直立枝　凡垂直地面直立向上生长的枝条，称为直立枝。

斜生枝　与水平线成一定角度的枝条，称为斜生枝。

水平枝　与地面几乎平行生长的枝条，称为水平枝。

下垂枝　先端向下生长的枝条，称为下垂枝。

内向枝　向树冠内方生长的枝条，称为内向枝。

平行枝　在一个水平面上相互平行生长的枝条，称为平行枝。

重叠枝　在一个垂直面上上下相互重叠生长的枝条，称为重叠枝。

交叉枝　两个相互交叉的枝条。

并生枝　自同一节位中并生出两个或两个以上的枝条，称为并生枝。

(3)根据生长季内枝条抽生的时期及先后顺序分为：

春梢　早春萌发抽生的枝梢。春梢组织充实、健壮，有利于成花结果及下一年的花芽分化。

夏梢　夏季抽生的枝梢。

秋梢　秋季抽生的枝梢。秋梢组织不充实，抗寒力差，成花能力弱。在落叶之前，春梢、夏梢和秋梢统称为新梢。

一次枝　休眠芽春季萌芽后(头一次)萌发抽生的枝条。

二次枝　当年在一次枝上抽生的枝条。

(4)根据枝条在树冠结构中的作用分为：

骨干枝　在树冠的整体结构中，构成树冠骨架和树形的永久性大枝，称为骨干枝，如主干、主枝、侧枝等。骨干枝在树冠上的分布要均匀合理，从属关系明确，结构牢固，开张角度适宜，长势均衡，通风透光良好，优质丰产，以利于延长盛花盛果年限。

辅养枝　临时性的营养枝条和各类枝组，统称为辅养枝。

骨干枝的主要作用是构成树体骨架，着生开花结果枝组；辅养枝的主要作用是构成树冠，辅助树体的生长和结果。

(5)根据枝条年龄分为：

当年生枝　树木春季萌芽的枝条到秋季落叶前称作当年生枝。

一年生枝　落叶树当年抽生的枝条落叶后至第二年春季发芽前称一年生枝。

二年生枝　一年生枝发芽后至第二年春天萌发前，已经生长了 2 年的枝条，称为二年生枝，以后则依此类推。

（6）根据枝条的功能，可分为营养枝、徒长枝和开花/结果枝。

①营养枝　只抽生枝叶而当年不开花的枝条，也称生长枝。因其生长发育情况不同，又可分为徒长枝和正常的发育枝。

②徒长枝　由隐芽受到刺激后萌发而成。特点是生长快、叶大而薄、节间长、枝条直立而不充实，芽体瘦。幼树的徒长枝，因消耗营养多，扰乱树形，应及早疏除；衰老树上的徒长枝，可根据情况决定去留，摘心促分枝，以更新树冠，或进一步培养为花果枝。无用的则及早疏除。

③开花/结果枝　直接着生花芽并能够开花结果的枝条，也称为结果枝。有些树木如木槿、紫薇等，在当年抽生的新梢上开花结果，称为当年生开花枝；而有些如玉兰、桃花、梅等在当年枝上形成花芽，次年开花，称为二年生开花/结果枝。按枝长可分为长花枝、中花枝、短花枝、花束状枝、徒长性枝 5 类，现以桃花为例进行说明（图1-3）：

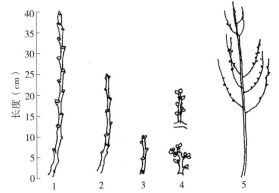

图 1-3　桃花花枝/果枝的不同类型
1. 长花枝　2. 中花枝　3. 短花枝
4. 花束状枝　5. 徒长性花枝

长花枝　长 30~60cm，粗 0.5~1.0cm，多分布在树冠的中部和上部，花芽多、饱满且复芽多。

中花枝　长 20~30cm，粗 0.4~0.5cm，花芽多，有单芽和复芽，多分布在树冠的中部。

短花枝　长 5~20cm，多分布在树冠内膛和花枝组的下部，粗度在 0.4cm 以下，除顶芽为叶芽外，大部分着生单花芽。

花束状枝　长 5cm 以下，顶芽为叶芽，其余为花芽，节间极短，开花后不易发新枝。一般分布在开花枝组的下部。

徒长性花枝　长 60cm 以上，粗 1.0~1.5cm 以上。生长势旺，叶芽较多，花芽小，多单芽。多分布在骨干枝背上和主枝延长处。

3. 芽的类型

（1）根据芽在枝条上着生的位置，分为定芽、不定芽；依芽在叶腋中的位置分为主芽和副芽。

定芽　着生在固定位置的芽，如顶芽和侧芽。顶芽是着生在枝条顶端的芽。有些树种，枝条生长到一定程度，顶端的芽自然枯萎，常由最上面的侧芽代替，称为假顶芽或伪顶芽。侧芽是着生在枝条叶腋中的芽。

不定芽　在茎和根上发生的位置不固定的芽，观赏树木中有很多种类，当地上部分受到刺激时，极易形成不定芽。

主芽　生于叶腋的中央(也有的生于副芽的下面或上面)而最饱满的芽。此芽可为叶芽、花芽或混合芽。

副芽　叶腋中除主芽以外的芽。可在主芽的两侧各生一个或在两个主芽之间生长一个(如桃花)，也可叠生在主芽上方(如桂花)，有的树种副芽潜伏的时间很长，成为隐芽。当主芽受损时，副芽能萌发生长。

(2)根据一个节上新生芽的数量分为单芽和复芽。

单芽　一个节上仅生一个饱满的芽，副芽无或极小，外观看不见，称单芽(图1-4A)；

复芽　一个节上着生两个以上的芽，常按芽数不同而称双芽、三芽、四芽(图1-4B)。

(3)根据芽的性质分为叶芽、花芽和混合芽。

叶芽　仅抽生枝叶而不开花的芽。同一棵树上叶芽一般比花芽瘦小。

花芽　萌发后只开花的芽，又称花蕾或纯花芽。如桃花、榆叶梅、连翘等的花芽。

混合芽　萌发后既抽枝展叶又开花的芽。如海棠、牡丹、丁香等的芽。

(4)根据芽鳞的有无分为鳞芽和裸芽(图1-5)。

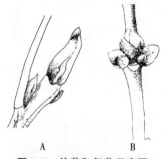

图1-4　单芽和复芽示意图　　　　图1-5　鳞芽和裸芽示意图
A. 单芽　B. 复芽(三芽)　　　　　　A. 鳞芽　B. 裸芽

鳞芽　芽的外面有芽鳞包裹的芽。温带及寒带地区的木本植物的芽常为鳞芽，如杨树、牡丹等的休眠芽。

裸芽　芽的外面无芽鳞，仅为幼叶或花/花序，如枫杨的腋芽、胡桃的雄花芽。

(5)根据芽萌发的时间分为活动芽和隐芽。

活动芽　萌芽期能及时萌发的芽。顶芽和距顶芽较近的腋芽，均为活动芽。

隐芽　芽形成的第二年春天或连续几年不萌发成为隐芽(或叫潜伏芽)。一般指在枝条的下部或基部的芽，因长期处于休眠状态故又称休眠芽。当受某种刺激后，流入的养分增多，会促其萌发。

(二)枝芽特性

1. 萌芽率

萌芽率指一年生枝条上的芽萌发的能力，常用萌发的芽数占总芽数的百分数表示。

2. 成枝力

成枝力指芽萌发抽生长枝的能力。抽生长枝多的，成枝力强；抽生长枝少的，成枝力弱。成枝力的强弱与树龄、树势和品种相关。

3. 芽的异质性

树木枝条上的芽，由于形成时间、着生位置和营养条件不同等原因，芽体大小、性质、饱满程度以及发芽力等都有一定的差异。这种差别，称为芽的异质性(图1-6)。

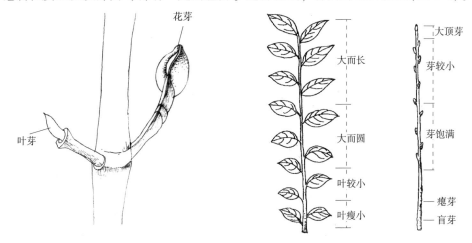

图1-6　芽的异质性

4. 顶端优势

枝条顶端的芽或枝萌芽力和生长势由上向下依次减弱的现象称为顶端优势。枝条越直顶端优势越明显；水平或下垂的枝，由于极性的变化顶端优势减弱。

5. 早熟性芽和晚熟性芽

早熟性芽　当年形成、当年萌发的芽，称为早熟性芽。如紫薇的花芽。当年形成当年萌发的特性为芽的早熟性，具有早熟性芽的树种或品种一般萌芽率高，成枝力强，花芽形成快，开花早。有些树木虽有早熟性芽，但只有经修剪、摘叶等刺激性处理才萌发。

晚熟性芽　当年形成，需经休眠后，到第二年才能萌发的芽，称为晚熟性芽。如银杏、白玉兰、毛白杨等。许多暖温带和温带树木的芽具晚熟性，次年春季才能萌发。

(三) 树形

1. 树形变化

树木从幼年、成年到老年阶段，树形会发生变化，如油松等松科植物，成年后会出现"截顶"现象。

截顶指某些中心干明显的树种在其生长环境中接近最大高度时，中心干延长枝不再向高生长，而是发生分叉或弯曲，从而与地面近平行生长的现象。如油松、云南油杉。

2. 干性和层性(图 1-7)

干性　树木中心干的强弱和维持时间的长短为干性，干性是乔木的共性。总状分枝的树种，顶端优势强，中心干坚硬，长期处于优势，干强而持久，树形常为圆锥形或尖塔形；合轴分枝和假二叉分枝的树种，顶端优势弱，主干长势弱或无主干，侧枝具明显优势，树形多为卵圆形或开张形。

层性　指中心干上的主枝、主枝上的侧枝分层排列的明显程度。即整个树冠上生长势强的枝条和生长势弱的枝条交互排列，形成分层分布。干性强的树种，层性也强。

A B

图 1-7　树木的干性和层性
A. 小叶榄仁　B. 油松

二、实习指导

(一)目的

树木的树体结构与枝芽特性是树木生长发育的基础，同时也是实施栽培养护技术措施的依据。通过本次实习达到以下的目的：

(1)明确树木树体结构及各部分的名称。

(2)熟悉和掌握主要园林树种的枝、芽类型和特点。

(3)掌握部分树种的树形成因及变化规律。

(二)时间和地点

时间：树木休眠期。

地点：植物园、校园等公共绿地。

(三)材料与用具

1. 材料

油松、圆柏、雪松、银杏、榆叶梅、玉兰、金银木、连翘、蜡梅、紫荆、桃花、丁香、牡丹等生长良好的树木。

2. 用具

笔、笔记本、数码相机、钢卷尺、皮尺等。

(四)内容与操作方法

(1)观察分析银杏、圆柏、玉兰、金银木、紫荆等树木的主干、中干、主枝、侧枝、枝组等。

(2)学会识别树体上的平行枝、下垂枝、交叉枝、重叠枝等各类型枝。

(3)观察桃花、山楂、蜡梅、丁香等树木的二年生枝、一年生枝、二次枝、长花枝、中花枝、短花枝、花束状枝及徒长枝。观察银杏、雪松的长短枝。

(4)观察桃花、榆叶梅、蜡梅、紫荆、玉兰、牡丹、连翘、丁香等花木的花芽(混合芽)与叶芽，并拍照、描述。

(5)观察桃花、连翘、蜡梅、紫荆、牡丹等花木芽的异质性。

(6)观察油松、圆柏、银杏等树木从幼树到老树树形的变化。手绘或拍照示意油松从幼树到老树的树形变化。

(7)观察油松的"截顶"现象。

(8)观察水杉和雪松的干性和层性。

(五)作业与思考

(1)以二乔玉兰、圆柏、紫荆为例，描绘其树体结构简图，并注明各部分名称。

(2)描绘树体上的平行枝、下垂枝、交叉枝、内向枝、重叠枝、并行枝等(树种任选)。

(3)描绘桃花、榆叶梅、二乔玉兰、连翘、蜡梅、牡丹等的叶芽、花芽(混合芽)在其着生枝条上的形态和位置。

(4)以桃花为例，描绘其不同类型枝条形态，并写出判断依据。

(5)以银杏或雪松为例，描绘其长短枝。

（6）描绘紫荆芽的异质性，并说明。

（7）观察水杉和雪松的干性和层性。

（8）描绘油松树形的变化和"截顶"现象。

（9）思考：①树木树形发生变化的原因是什么？②枝芽特性与树冠形态的关系如何？

实习二
园林树木物候期的观测

一、概述

(一)物候和物候期

物候指一年中动植物生长发育规律及非生物现象对节候的反应。植物的萌芽、抽枝、展叶、开花、结实直至落叶、休眠，动物的蛰眠、复苏、始鸣、交配、迁徙等，均与节候有密切关系。非生物现象如始霜、始雪、结冻、解冻等，也属物候。研究自然界植物和动物的季节性现象同环境的周期性变化之间的相互关系的科学称为物候学。

一年中，树木各个器官随着季节变化而发生相应的形态变化，称为树木的物候。

树木在一年中各物候开始和结束的时期为物候期。物候可以用来评价环境因素对于植物生长发育影响的总体效果。

进行物候观测并积累较长时期的观测资料，是进行物候规律研究和应用的基础。物候观测中，正确掌握观测方法和植物的外部形态特征，对保证物候观测质量具有重要意义。

(二)物候观测的意义

通过观测规律，了解各种园林树木在不同物候期中的习性、姿态、色泽等景观效果的季节变化，通过合理的配置，使不同树种花期相互衔接，提高园林风景的质量；为科学制订苗木生产、绿化施工、周年管理生产计划提供依据；研究不同树木种类或品种随地理气候变化而变化的规律，为树木的栽培区划提供依据；为天气预报、农林业生产措施的制定和风景区季节性旅游时期的确定提供依据；搞好物候预测预报，还可以避免自然界的各种伤害。

(三)物候期观测方法

正规的物候期观测，包括对植物生长的自然环境进行调查、测定，将植物的物候变化与自然环境条件的变化相联系才能充分了解物候变化的规律。由于每年自然环境中的气象、土壤等因子都会有变化，所以物候期观测至少连续观察 3 年以上，才能得到正确的物候期记载结果。与气象观测类似，连续观测时间越长，结论越可靠。

1. 观测种类和内容选定原则

选择最能反映当地季节、最能代表当地景观变化的物候现象。观测种类和内容按以下原则确定：

(1)选择常见的、自然生长的植物，不同地点按统一方法同时进行观测。观测的植物中，有一部分是作为季节和农时指示物的，也叫指标植物。

(2)所选取的植物种类和物候指标应结合观测目的和任务进行取舍，指标植物的形态和变化必须容易识别。观测的植物种类越多，可指示气候变化的物候指标也越多，那么季节和农时(如花期、萌芽期)的预报则越可靠；为了研究某个区域气候景观的变化规律，应尽量选用分布广的种类作为观测对象，这样不同地方相同的指标植物就多，相互参考的价值就大，对绘制区域性物候图更有利。

2. 观测方法

观测点的选定：观测点要有长远性、代表性，并方便工作。一个地方的观测资料其年代越长越有价值，所以选定的点要能进行多年观测，不轻易变动；观测点还要能代表当地的地形、土壤、植被情况，尽可能在平坦开阔的地方；观测点的位置、生态环境、海拔高度、地形、土壤状况等需有详细记录。

(1)定人、定株、定点观测：物候观测采用目测法，同一种不同单株间由于遗传因素等原因，物候期会有一定差异，定株观测可减少这类非气候影响造成的误差。选择处于成年阶段的生长健壮、无病虫害、性状特征典型的植株作为观测对象。根据具体情况确定观测对象的数量，一般每个树种3~5株，选择植株中部、向阳的枝条，可挂牌标记，以便定期观测。

选定的植株要记录其种植位置、绿地性质、周围的植被及其他环境因素。可绘观测地点(地段、地区)位置的平面图，将观测对象编号标注于图中。如观测地点不止一个，则为了比较分析，各地必须在统一的时期内进行观测，否则将会失去准确性和科学性。

(2)观测时间：观测时间和间隔应根据物候期的进程和记载的繁简确定。萌芽期、花期、秋叶变色期等萌芽至开花物候期一般每2~3d观测一次甚至每天一次，有的植物开花期进程较快，可能需几个小时观测一次，其他物候期则可5~7d或更长时间观测一次，在冬季休眠期可一个月观测一次。随看随记。

本实习地点可选在校园或公园内，确定1或数人持续观察固定的种类，以保持数据的连续性，这样既便于在一个年周期内持续观测，也便于长期持续观测。观测可持续3~5年甚至10年以上。

(四)物候观测的内容和记载标准

1. 萌芽、枝条生长、落叶物候期

树液流动期　在树木休眠解除后芽开始萌动之前，如温度适宜树木生长，树木地上部

分与地下部分树液流动加快的时期。

叶芽膨大期　以芽开始膨大、芽鳞片松动、错开时为准。

叶芽开绽期　芽鳞片裂开，露出绿色的叶尖。

展叶期　以萌发的叶芽中第1~2片叶或复叶上的1~2片小叶展开为准。针叶树以幼针叶从叶鞘中开始出现为准。

新梢开始生长　从叶芽开放长出1cm新梢时算起。

新梢停止生长　新梢生长缓慢到停止，没有未展开的叶片，顶端形成顶芽或顶梢自枯不再生长。

二次生长开始　新梢停止生长后，又再次开始生长时。

二次生长停止　二次生长的新梢停止生长时。

秋叶开始变色期　超过50%以上的观测株，全株5%的叶片变色时。

秋叶观赏盛期　超过50%以上的观测株，全株30%~50%叶片变色，由于树种不同，观测时应标明开始变色的部位与比例。

秋叶全部变色期　超过50%以上的观测株，全株所有的叶片完全变色。

落叶期　无风时树叶落下或用手轻轻摇树枝有3%~5%的叶片脱落，30%~50%叶片脱落为落叶盛期，90%~95%叶片脱落为落叶终期。

以上某些观测内容可结合定期测量，如枝条的伸长、加粗，叶片生长等可3~7d测量一次，画出生长曲线图，以便看出生长的节奏。

2. 开花物候期

花芽(混合芽)膨大期　芽开始膨大、芽鳞片错开，以全树有25%左右时为准。

花芽(混合芽)开绽期(开放期)　芽鳞片裂开，露出叶尖。

花序(花蕾)露出期　外层芽鳞片脱落(中部出现卷曲状莲座叶)，花序(花蕾)已可见。

花序(花蕾)分离期　花序梗(花梗)明显伸长；花蕾彼此分离(纯花芽的树种无花芽开绽期、花序露出期和花蕾分离期，需增加露萼期和露瓣期。露萼期：鳞片裂开，花萼顶端露出；露瓣期：花萼绽开，花瓣开始露出)。

初花期　超过50%以上的观测株，全树有5%的花开放。

盛花期　超过50%以上的观测株，全树25%的花开放为盛花始期，50%~100%花开放为盛花中期，100%花开放为盛花末期。

落花期　超过50%以上的观测株，全树有5%的花正常脱落为落花始期，95%的花脱落花瓣为落花终期。

3. 结果期

坐果期　指植物开始结果的时期，即果实开始生长发育时期。

生理落果期　幼果开始膨大后，50%以上幼果变黄、脱落时为生理落果期。

果实着色期(果实初熟期)　果实开始出现该品种成熟时应有的色泽，果实白色品种由绿色开始变浅。

果实成熟期　全树有50%以上的果实从色泽、品质等具备了该品种成熟的特征且尚未脱落，摘采时果梗容易分离的时期。

果实脱落期　脱落始期为果实成熟后开始出现自然脱落的时期；脱落末期是全树绝大多数果实已经自然脱落，残留果实不足5%之时。

二、实习指导

(一)目的

通过实习，一是使同学们认识到，物候期对园林绿化的意义，必须掌握；二是要求同学们掌握园林树木物候的基本知识、物候观测的基本内容与方法。

(二)材料与用具

1. 材料

常用的园林绿化树种，如松柏类、银杏、槐树、桃花、迎春、连翘、海棠类、丁香、黄刺玫、山楂等。

2. 用具

笔、记录本、相机、各类型尺子等。

(三)地点

校园内或校园邻近的公园内进行。

(四)内容与操作方法

(1)观测方法：见前文"(三)物候观测方法"中"2. 观测方法"。
(2)观测的内容和记载标准，见前文"(四)物候观测的内容和记载标准"。
(3)表2-1～表2-3可作为不同树种观察时的记录表。

表2-1　开花物候期记载表(混合芽树种，以丁香为例)

树种	观测项目和观测时间									
丁香	芽膨大期	芽开绽期	展叶期	花序露出期	花蕾分离期	初花期	盛花期			落花期
							盛花始期	盛花期	盛花末期	

表 2-2　开花物候期记载表（纯花芽树种，以山桃为例）

树种	观测项目和观测时间							
山桃	花芽膨大期	露萼期	露瓣期	初花期	盛花期			落花期
					盛花始期	盛花期	盛花末期	

表 2-3　萌芽、新梢生长及落叶物候期记载表（以银杏为例）

树种	观测项目和观测时间																
银杏	叶芽膨大期	叶芽开绽期	展叶期	新梢开始生长	新梢停止生长	二次生长开始	二次生长停止	秋色叶期			落叶期			结果期			
								开始变色期	观赏盛期	全部变色期	始期	盛期	终期	坐果期	生理落果期	果实着色期	果实成熟期	果实脱落期

(表头最后一行含：坐果期、生理落果期、果实着色期、果实成熟期、果实脱落期)

（五）注意事项与要求

（1）栽培养护技术措施对树木物候期的影响较大，所以观测时，要求对树木每年持续性地进行正常养护管理。

（2）靠近树木进行观测，不可远观粗略估计进行判断。

（3）物候观测时应随看随记，不能凭记忆事后补记。

（4）观测人员责任心要强，人员要固定，不能轮流值班观测；物候观测时要细心、认真负责。

（六）作业与思考

（1）作业：填写校园内 2~4 个主要树种（混合芽和纯花芽树种均有）的物候观察记录表，见表 2-4。

表 2-4　树种物候记录表

编号	树种：	类型：		树木年龄：	
	观测地点：	地形：	土壤：		小气候：
	生态环境：	同生植物：			养护情况：

（续）

物候期	萌芽与展叶期	树液流动期：				
		芽开始膨大期：	芽开放期：	展叶期：	春色叶呈现期：	
	新梢生长期	新梢开始生长期：		新梢停止生长期：		
		新梢二次生长期：		新梢二次生长停止期：		
	花芽萌动与开花期	花芽膨大期：	花芽开绽期：	花序露出期：	花蕾分离期：	
		露萼期：	露瓣期：	初花期：	盛花始期：	
		盛花期：	盛花末期：	落花始期：	落花末期：	二次开花期：
	叶变色与落叶期	叶开始变色期：	秋色叶期：	秋叶全部变色期：		
		落叶始期：	落叶盛期：	落叶末期：		
	结果期	坐果期：	生理落果期：	果实着色期：	果实成熟期：	果实脱落期：
备注						

（2）按照花期迟早的顺序对所观察的树种排序。

（3）思考园林树木物候期的影响因子有哪些？

（4）初步掌握观测地春季观赏树种的物候特点和顺序。

实验三
花芽分化观察实验

一、概述

花芽分化是开花结果的基础，没有花芽分化就谈不上开花结果。任何一株个体发育阶段已经完成性成熟过程的树木，都获得了开花的能力，以后即能保持这种能力。在树体内外条件适宜的情况下，花芽分化就成为季节性的物候现象。

（一）花芽分化的概念及意义

由叶芽生理和组织状态转化为花芽生理和组织状态的过程，称为花芽分化。

从由叶芽与花芽开始有区别的时候起，逐步分化出萼片、花瓣、雄蕊、雌蕊以及整个花蕾和花序原始体的全过程，称为花芽形成。

花芽分化是园林树木在年周期中重要的生命活动之一。花芽分化的多少和质量对于观果和观花树种来说，直接关系到来年的花果数量和质量，所以，花芽分化与经济效益和观赏效果都有密切关系。掌握花芽分化的规律，对于花芽分化期的养护至关重要，也是花期调控的生物学依据。

（二）花芽分化的过程

不同树种的花芽分化过程及形态特征各异，分化形态特征的鉴别是研究分化规律的重要内容之一。花芽分化的过程包括生理分化期、形态分化期、性细胞形成期3个过程。

1. 生理分化期

在出现形态分化期之前，生长点内部由叶芽的生理状态（代谢方式）转向形成花芽的生理状态（代谢方式）的过程，为生理分化期。这一时期是控制花芽分化的关键时期。特点是在此阶段生长点内原生质处于不稳定状态，对内外因素有高度的敏感性，是易于改变代谢方向的时期。这一时期又称为花芽分化临界期。

2. 形态分化期

由叶芽生长点的细胞组织形态转化为花芽生长点的组织形态的过程，称为形态分化期。形态分化期又分为：分化初期、萼片分化期、花瓣分化期、雄蕊分化期、雌蕊分化期。

（1）分化初期：有些种类，如仁果类的树种，生长点肥大高起成为一个半球体，其范围内除原分生组织细胞外，还有大而圆、排列疏松的初生髓部细胞，在此出现前的 1～7 周（一般是 4 周左右）为生理分化期。

（2）萼片分化期：原始体顶部先变平，然后其中心部分相对凹入而四周产生突起，即萼片原始体。每一个萼片原始体向内弯曲伸长，形成萼片。

（3）花瓣分化期：在萼片内侧基部发生突起，即花瓣原始体。花瓣原始体以不同速度向相对方向延伸增大，形成花瓣。

（4）雄蕊分化期：花瓣原始体内侧基部发生的突起（有的排列为上下两层）为雄蕊原始体。以后雄蕊原始体发育成雄蕊，形成花药。

（5）雌蕊分化期：在花的原始体中心底部所发生的突起，为雌蕊原始体，以后雌蕊原始体形成雌蕊。下部膨大部分为子房，中间有小孔形成子房室，室内形成胚珠。

3. 性细胞形成期

雄性细胞成熟是指花粉母细胞经过减数分裂形成 4 个花粉粒；雌性细胞成熟指的是珠心的孢原细胞经过减数分裂形成四分体，但只有里面的一个发育形成胚囊细胞（单核胚囊）。春季开花的树木，性细胞形成多数在第二年春季萌芽以后，开花之前完成。如果此时营养条件差则引起花的败育。

桃花花期过后就进入了花芽分化阶段，最初花芽与叶芽形态无异，当芽鳞增加到一定数量（一般 12～15 片），生长点膨大时，叶芽停止发育，呈现休眠状态，而花芽则继续发育，生长点突出高起，呈半球状。从外形上看，单芽已相当膨大，复芽已彼此分开，可以辨认出芽形时，则进入花芽分化始期。此后分别出现各个器官的原基，如萼片、花瓣、雄蕊和雌蕊的原基。图 3-1 为桃花花芽分化阶段示意图。

秋季，当雌蕊原基分化后，进入休眠。在冬季低温期，如遇高温则可导致部分花芽败育，败育程度与所经历高温时间有关。个别早花品种和桃花的近缘种如'白花山碧'桃、山桃、甘肃桃等性细胞形成是在花芽形成的当年深冬或第二年 1 月。

二、实习指导

（一）目的

花枝插瓶水养催花可以为花芽分化准备实验材料，还可以美化居室，并为杂交育种提供新鲜花粉。通过此实验认识温带树木花芽形态分化后，花期的形成和完善与低温（10℃以下）的关系。通过对花芽分化和发育状况的观察，进一步了解花枝插瓶水养催花时花芽发育的程度，掌握花枝插瓶水养催花的具体时间与徒手切片的制作及镜检技术。

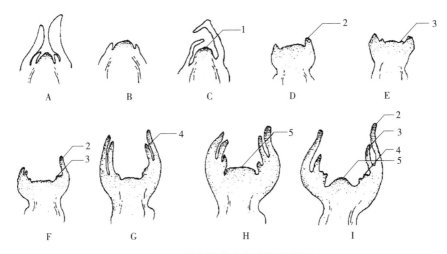

图 3-1　桃花花芽分化阶段示意图

A. 未分化期　B、C. 分化始期　D. 萼片形成期　E. 花瓣形成期　F、G. 雄蕊形成期　H、I. 雌蕊形成期

1. 生长点　2. 萼片原始体　3. 花瓣原始体　4. 雄蕊原始体　5. 雌蕊原始体

(二) 时间

分两次进行，第一次在 11 月上中旬，第二次在 12 月上中旬。

(三) 材料与用具

1. 材料

从生长健壮的桃花植株上选取花芽生长发育良好的枝条。

2. 用具

(1) 花枝插瓶水养工具：供插枝的容器，如玻璃瓶、塑料瓶(桶)、各类花瓶、温度计、湿度计、清水及防腐剂。

(2) 花芽分化观察用具：解剖镜(或低倍显微镜)、解剖刀(或单、双面刀片)、解剖针、镊子、培养皿、载玻片、盖玻片、滴瓶、蒸馏水、铅笔、橡皮、绘图纸等。

(四) 内容与操作方法

1. 材料准备

桃花花枝插瓶水养催花的方法如下：

(1) 选取粗度为 0.5~1.5cm 的桃花花枝(其上可带 1~2 年生的分枝，也可以为一年生的枝条，如为一年生枝条要粗一些)若干(根据容器大小决定采取花枝的数量)。

(2)调查和统计每个选取的花枝上，长、中、短花枝以及花束状花枝数，每个枝条上的节数，花芽与叶芽数，花芽发育的饱满程度，花芽的大小等。

(3)容器中注入清水，将剪取的花枝插在有水的容器中，放到有取暖设备的室内。

(4)每隔3~5d换一次水，并剪截花枝下部的剪口，原剪口如有黏状菌落，应缩短换水的时间。

(5)及时记录花芽和叶芽膨大、干枯、落花、落叶、花芽的变化以及开花等情况(开花数、开花率、花径、花的质量等)。

(6)第二次做法和条件与第一次相同。

2. 花芽分化观察

每次花枝插瓶水养前，均取饱满的花芽做徒手切片，镜检花芽发育的情况，并绘解剖图。现以观察桃花的花芽分化情况为例进行说明。

(1)在桃花的花枝上选取饱满的花芽并将其摘下，用解剖刀将芽柄(开花后的花梗)切除，用左手的拇指和食指横向掐住花芽，花芽的顶尖朝向胸前，花芽的基部向外。

(2)用右手拿住刀片，从基部快速削切花芽，将每次削下来的薄片(越薄越好)用镊子夹到载玻片上，滴一滴蒸馏水，盖上盖玻片待镜检。

(3)用解剖镜或低倍显微镜镜检花芽分化和发育的状况，区分出芽鳞、萼片原始体、花瓣原始体、雄蕊原始体、雌蕊原始体5个部分。

(五)作业与思考

(1)将两次插枝水养催花观察记录(表3-1)的结果进行比较分析，讨论影响插枝水养催花的有关因素和注意事项。

表3-1　××树种花枝插瓶水养催花试验记录表

日期	项　　目											
	总芽数	叶芽数	叶芽状况	花芽数(个)	花芽状况	开花数	开花率(%)	花径(cm)	花的质量	室内条件	枝条粗度(cm)	备注

(2)思考影响花芽分化的内外因素有哪些？应如何控制花芽分化？

(3)对徒手切片镜检时观察到的花芽进行绘图，并标出各个部分的名称。

实习四
绿化种植设计和绿化施工说明书的编写

一、概述

树木栽植是绿化施工的主要环节，在绿化施工之前要了解施工场地现状并进行规划设计，在此基础上做绿化施工设计，并附绿化施工设计说明书。如果绿化景观设计采用的是 1∶500 的比例尺，同时设计人员直接指导和参与施工，可以不另做施工设计，但在绿化景观设计说明书中应含有施工设计说明书的内容，否则应做 1∶500 以下（常为 1∶200）的绿化施工设计图，并附有绿化施工设计说明书。绿化施工设计说明书通常包括以下内容：

（1）项目概况：包括项目地点、项目规模、现状、项目所在区域的自然条件等。

（2）施工设计的原则与施工设计的依据：常用的有《园林绿化工程施工及验收规范》（CJJ/T 82—2012），《城市绿化和园林绿地用植物材料木本苗》（CJT 34—1991），《公园设计规范》（GB 51192—2016）等行业及国家、地方标准和规范等，如《园林绿化种植土壤》（DB11/T 864—2012），《城市园林绿化养护管理标准》（DB11/T 213—2003），《园林绿化工程监理规范》（DB440100/T 113—2007）、《园林绿化工程质量验收规范》（DB 440300/T 29—2006）

（3）植物配置的原则、苗木质量及规格要求。

（4）地形处理、地形施工说明及整地及种植土要求（含土壤改良及管理）。

（5）种植施工说明种植施工的程序：包括定点放线、挖穴、修剪、起树、包扎、吊运、换土、施肥、栽植、做水堰、立支柱、"浇三水"等步骤的具体要求，一些关键步骤需检查验收（图 4-1）。

（6）栽后的养护管理：包括复剪、扶正、补植、浇水、松土除草、树池覆盖、病虫害防治等日常养护管理的具体要求。

（7）施工管理机构设置、人员及组织管理方案：包括组织机构和组织方法、责任人及分工、岗位职责、环境保护及文明施工保证措施、施工进度计划（表）、保证措施，及安全文明施工措施。

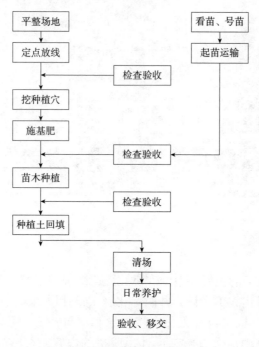

图 4-1　种植施工的程序

二、实习指导

(一)目的

(1)能掌握种植施工的程序与技术要求。

(2)初步进行种植设计,编写绿化(种植)施工说明书。

(3)通过编写种植施工设计说明书,认识和了解园林树木的栽植与绿化施工设计的关系。

(4)为将来编写绿化工程标书(技术标)打下一定的基础。

(二)时间

春季植树季节。

(三)工具

皮尺、测绳、草图纸、铅笔、橡皮、比例尺、短木桩、图板等。

(四)内容与操作方法

1. 测绘绿化施工现场

(1)测绘内容:在指定的地点进行测绘(注意:考虑到实习的具体条件,指定的区域不宜过大，控制在 50m×100m 内，要有可以作为定点放线依据的道路、植被或小型建筑；设计的植物种类和数量不宜过多），测绘的内容如下：

①该地段的范围与面积；

②地面建筑、电线杆、道路、水沟、小品、已有植被（主要树木）等的位置；

③该地的地形、坡度以及固定的标记物；

④周围的环境条件。

（2）测绘方法：以小组为单位用皮尺或测绳进行测量，由 1~2 人做记录，并在现场绘出草图（1：200）。

（3）根据测绘的数据绘制一份现状图（1：200）。

2. 绿化施工设计：在现状图上完成种植设计平面图（1：200）

平面图要标注原有树木；使用标准的植物图例；标注每一株树木的准确位置，绿篱和宿根花卉要标明边界；有比例尺及比例；有植物名录表（名称、规格及相应的数量）。

设计图完成后，以小组为单位进行评图，评图的内容包括：植物材料选择、种类、数量及规格、种植的地点、地形的处理、定点放线的方法和依据等。

最后每个组选出一份较好的设计图，留做小组编写施工设计说明书及定点放线时备用。

3. 编写绿化施工设计说明书

绿化设计与说明书的编写是下一实习的内容（树木栽植）的准备工作。

4. 定点放线

以小组为单位，以本组评出的图为依据，根据现状的具体情况，有针对性地采用定点放线的方法，要简便可行。定出每棵树的具体位置，用白灰或短木桩标记，木桩上写明树种、种植坑的尺寸、株行距等。相邻小组互相检查放线位置是否正确。

(五) 作业要求

以组为单位上交现状图、施工设计图（含植物材料表）及施工设计说明书各一份。

实习五
园林树木栽植

一、概述

绿化施工的核心就是植物栽植，包括乔灌木和草本植物，科学合理的栽植，是植物材料成活的基础和保证，栽植不当，不仅会影响景观效果，也会增加后期养护管理的成本和技术难度。

园林树木栽植(种植施工)的程序包括整地、定点放线、挖穴、修剪、起树、包扎、吊运、换土、施肥、栽植、做水堰、立支柱、浇三水等。

(一)整地

整地包括两方面，首先根据设计意图，按竖向设计要求做微地形，微地形应自然流畅；其次是栽植前的整地，包括深翻、去除杂物、碎土过筛、客土、扒平、镇压土壤等。

(二)定点放线

根据种植设计图，以设计提供的标准点或固定建筑物、构筑物等为依据，确定各树木的种植点并按比例放样于地面。

定点放线的依据，一般采用施工现场的永久性固定物，如建筑拐角处、路沿、桥墩、电线杆等均可为定点放线的基准点，也可以用测定标高的水准基点和测定平面位置的导线点；具体做法可参见教材相关部分。

1. 定点放线基本做法

(1)基准线定位法(纵横坐标定点法)：首先在设计图纸上找一个与要定点的树木相距最近的永久性固定物，如道路交叉点、建筑外墙角、规则型建筑物的边线等相对固定的、特征明显的点和线。在图纸上量出树木定植点与这些点(或线)的纵横距离；然后按图纸比例，从地面上固定的点出发，用直线丈量或三角形角度交汇法确定树木的种植点。这种定点的方法，适用于面积小，同时具有较多的永久性固定标记物的种植施工。

（2）平板仪定点放线：测量基点准确的绿地可用平板仪定点放线，测设范围较大，即依据基点将单株位置及连片的范围线按设计图依次定出，并钉木桩标明，木桩上写清树种、数量。图板方位必须与实际相吻合。在测站点位置上，首先要完成仪器的对中、整平、定向3项作业，然后将图纸固定在小平板上。一人测绘，两人量距。在确定方位后量出该标定点到测站点的距离，即可钉桩。如此可标出若干有特征的点和线。要注意的是，在实测中要保证图板定向不变，以此实测30个立尺点后要检查图板定向，如有变化应及时纠正。

平板仪定点主要用于面积大，场区没有或少有明确标志物的工地。也可先用平板仪来确定若干控制标志物，定基线、基点，在使用简单的基准线法进行西部放线，以减少工作量。

（3）网格法：适用于范围大、地势较为平坦的且无或少有明确标志物的公园绿地，或是树木配置复杂的绿地、管线较多的街道绿化等。在自然地形并按自然式配置树木的情况下，树木栽植定点放线也常采用这种方法。

按照比例在设计图上和现场分别画出距离相等的方格（2m×2m最好），定点时在设计图上量好要定点的树木在其所在方格的纵横距离，再按比例定出现场相应方格的位置，钉木桩或撒灰线标明。此方法比较准确。依此可再用简单的基准线法进行更精细的细部放线，导出目的物位置。

（4）交汇法：适用于范围较小、现场内建筑物或其他标记与设计图相符的绿地，最好由两个人合作进行。在图上找出两个固定物或建筑边线上的两个点，在施工的现场，量出定植点分别到这两点实际长度，两线的交点则为该树的种植点。

（5）支距法：适用于范围更小、就近具有明显标志物的现场，是一种常见的简单易行的方法。

如树木中心点到道路中心线或路牙线的垂直距离，用皮尺拉直角即可完成。在要求精度不高的施工及较粗放的施工中都可用此法。

2. 定点放线技术要求

（1）平面位置确定后必须做明显标志，孤立树可钉木桩、写明树种、种植穴规格。树丛界限要用白灰线划清范围，线圈内钉木桩写明树种、数量、坑号，然后用目测的方法决定单株位置，并用灰点标明。目测定点必须注意以下几点：

①树种、数量符合设计图；

②树种位置注意层次：形成中心高、边缘低或由高渐低的倾斜树冠线；

③树林内定点要注意自然配置，切记呆板地等距定点，相邻的定植点不要呈规则的几何图形或连在同一直线上。

（2）需要标高的测点应在木桩上标上高程。

3. 做法

（1）独植乔木栽植点放线：放线时首先选已知基线或基点为依据，用交会法或支距法确定独植树中心点，即为独植树种植点。

(2)丛植乔木栽植点放线：根据树木配置的疏密程度，先按一定比例相应地在设计图及现场画出方格，作为控制点和线，在线现场按相应的方格用支距法分别定出丛植树的诸点位置，用钉桩或白灰标明。

(3)路树栽植点放线：在已完成路基、路牙的施工现场，即已有明确标志物条件下，采用支距法进行路树定点。一般是按设计断面定点，在有路牙的道路上以路牙为依据，没有路牙的则应找出准确的道路中心线，并以之为定点的依据，然后采用钢尺定出行位，大约10株钉一木桩作为行位控制标记，然后采用白灰点标出单株位置。若道路和栽植树为一弧线，如道路交叉口，放线时则应从弧线的开始至末尾以路牙或中心线为准在实地画弧，在弧上按株距定点。

由于道路绿化与市政、交通、沿途单位、居民等关系密切，植树位置除依据规划设计部门的配合协议外，定点后还应请设计人员验点。注意种植点与市政设施和建筑物的关系，在街道和居住区定点放线时，要注意树木与市政设施和建筑物之间的距离，一定要遵守《公园设计规范》(GB 51192—2016)的有关规定(表5-1至表5-4)。

表5-1　植物与架空电力线路导线之间最小垂直距离

线路电压(kV)	<1	1~10	35~110	220	330	500	750	1000
最小垂直距离(m)	1.0	1.5	3.0	3.5	4.5	7.0	8.5	16

表5-2　植物与地下管线最小水平距离　　　　　　　　　　　　　　　　m

名　　称	新植乔木	现状乔木	灌木或绿篱
电力电缆	1.50	3.50	0.50
通讯电缆	1.50	3.50	0.50
给水管	1.50	2.00	—
排水管	1.50	3.00	—
排水盲沟	1.00	3.00	—
消防龙头	1.20	2.00	1.20
煤气管道(低中压)	1.20	3.00	1.00
热力管	2.00	5.00	2.00

注：乔木与地下管线的距离是指乔木树干基部的外缘与管线外缘的净距离。灌木或绿篱与地下管线的距离是指地表处分蘖枝干中最外的枝干基部的外缘与管线外缘的净距离。

表5-3　植物与地下管线最小垂直距离　　　　　　　　　　　　　　　　m

名　　称	新植乔木	现状乔木	灌木或绿篱
各类市政管线	1.50	3.00	1.50

表 5-4　植物与建筑物、构筑物外缘的最小水平距离　　　　　　　　m

名　称	新植乔木	现状乔木	灌木或绿篱外缘
测量水准点	2.00	2.00	1.00
地上杆柱	2.00	2.00	—
挡土墙	1.00	3.00	0.50
楼　房	5.00	5.00	1.50
平　房	2.00	5.00	—
围墙(高度小于2m)	1.00	2.00	0.75
排水明沟	1.00	1.00	0.50

除此之外，还应注意：①遇道路急转弯时，在弯的内侧应留出 50m 的空档不栽树，以免妨碍视线。②交叉路口各边 30m 内不栽树。③公路与铁路交叉口 50m 内不栽树。④道路与高压电线交叉 15m 内不栽树。⑤桥梁两侧 8m 内不栽树。⑥另外，如遇交通标志牌、出入口、涵洞、控井、电线杆、车站、消火栓、下水口等，定点都应留出适当距离，并尽量注意左、右对称。定点应留出的距离视需要而定，如交通标志牌以不影响视线为宜，出入口定点则根据人、车流量而定。

(4)绿篱、色块、灌丛、地被种植定点放线：先按设计指定位置在地面放出种植沟挖掘线。若绿篱位于路边、墙体边，则在靠近建筑物的一侧先划边线，向外根据设计宽度放出另一面挖掘线。如是色带或片状不规则栽植则可用方格法进行放线，规划出栽植范围。

(5)土方工程及微地形放线：堆山测设，用竹竿立于山形平面位置，勾出山体轮廓线，确定山形变化识别点。在此基础上用水准仪把已知水准点的高程标在竹竿上，作为堆山时掌握堆高的依据。山体复杂时可分层进行。堆完第一层后依同法测设第二层各点标高，依次进行至坡顶。

其坡度可用坡度样板来控制。在复杂地形测放时应及时复查标高，避免出现差错而返工。

(三)栽植

1. 挖种植穴

种植穴规格应符合表 5-5 至表 5-9 的规定，一般比根系的幅度与深度(或土球)大 30～40cm，要能容纳树木的全部根系并舒展开。在土壤贫瘠与紧实的地段，种植穴应该加大，有的甚至加大到一倍。如绿篱、基础栽植等应挖种植槽。挖掘时，以定点标记为圆心，按规定的直径或尺寸在地上画圆或边线，用锹或十字镐挖到规定的深度，将穴底或槽底刨松、铲平。如果是栽植的裸根苗木，在穴底要堆一个小土丘以保证树根舒展。穴或槽应保证上下口径大小一致，不应成为"锅底形"或"锥形"(图 5-1)。在挖穴和槽时，应将肥沃的表层土与贫瘠的底土分开放置，同时捡出有碍根系生长的土壤侵入体。

表 5-5　常绿乔木类种植穴规格　　　　　　　　　　　　　　　　　　　　cm

树　高	土球直径	种植穴深度	种植穴直径
150	40~50	50~60	80~90
150~250	70~80	80~90	100~110
250~400	80~100	90~110	120~130
400 以上	140 以上	120 以上	180 以上

表 5-6　落叶乔木类种植穴规格　　　　　　　　　　　　　　　　　　　　cm

胸　径	种植穴深度	种植穴直径	胸　径	植穴深度	种植穴直径
2~3	30~40	40~60	5~6	60~70	80~90
3~4	40~50	60~70	6~8	70~80	90~100
4~5	50~60	70~80	8~10	80~90	100~110

表 5-7　花灌木类种植穴规格　　　　　　　　　　　　　　　　　　　　cm

冠　径	种植穴深度	种植穴直径
200	70~90	90~110
100	60~70	70~90

表 5-8　竹类种植穴规格　　　　　　　　　　　　　　　　　　　　cm

种植穴深度	种植穴直径
盘根或土球高(20~40)	比盘根或土球大(40~60)

表 5-9　绿篱类种植槽规格　　　　　　　　　　　　　　　　　　　　cm

苗　高	种植方式(深×宽)	
	单　行	双　行
50~80	40×40	40×60
100~120	50×50	50×70
120~150	60×60	60×80

A　　　　　　　　　　　　　　　　　　　B

图 5-1　种植穴的要求

A. 正确的种植穴(穴壁垂直地面，栽植深度合适，根系舒展)　B. 不正确的种植穴(树穴成锅底形，根系卷曲)

2. 起挖苗木(起苗)

起挖苗木包括裸根起苗和带土坨起苗。

一般常绿树带土球起苗，特别是北方树种(南方有的树种不需要)，落叶树裸根或带土球起苗均可，干径不超过 8~10cm 的多数落叶树都可以起裸根苗，如悬铃木、杨树、柳树、榆树、槐树等，裸根栽植成活率很高，缓苗也很快。而鹅掌楸、玉兰等裸根栽植缓苗慢，成活率低的树种，通常情况下带土球起苗。

裸根起苗时应保证根系的数量和长度，最好多带宿土；灌木树种可按灌木丛高度的 1/3 保留根系，根系长度要在根系主要分布层以下，对于大多数乔木树种，保留的根长一般为 60~90cm。

起苗时以树干为圆心，以胸径 4~6 倍为半径(灌木按株高的 1/3 为半径)于圆外围绕树起挖。垂直向下挖至一定深度，随挖随切断侧根，如遇难以切断的粗根，应把周围土壤掏空，用手锯锯断；切忌强按树干并用铁铲猛切粗根，造成根系劈裂。挖到需要的深度，将根系全部切断后，放倒苗木，轻轻拍打外围土块，修剪劈裂的根系，裸根起苗最好多带宿土。苗木起好后如暂时不能运走，应在原地用湿土将根系覆盖好；如果较长时间都不能运走，应按要求集中假植起来，干旱季节要保证覆土的湿度。

裸根苗应写明起树的范围、根盘的大小，标出根颈的位置；带土球的苗木要写明土球的大小及起树的要求，同时要核对设计对树木规格的要求。

起苗要注意要在树干朝南的方向、距根颈处 10cm 处做标记，以利栽植时保证树苗原有的朝向和种植深度。

3. 包扎

包扎包括树冠包扎和根系包扎。移栽常绿树或大树时要进行包扎，包扎树冠时将每一分散的大枝拢紧，但不能损伤；包扎带土坨的根系时，绳子要缠紧，注意收底，在运输和栽植时不能散坨。

4. 运苗

运苗的规定及要求在绿化施工说明书中要写明，乔木树梢朝车尾，但不能拖地，必要时用绳子和蒲包包扎；树根朝车头方向，并用苦布盖严捆好，顺序排列；枝干与车箱板接触处用草席垫上，以免损伤树皮。运输大树时，不要超高，树苗不要压得太紧，车速不能太快，跟车人员要检查苦布是否盖严漏风，长途运输要注意及时为树根喷水保湿。

卸车时按顺序卸车，不可整车一次性推下全部树苗。

5. 假植

苗木到施工现场后，如果来不及栽种或不能及时栽完，根据苗木可能放置时间的长短，分别采取不同的假植措施。假植的地点应靠近栽植地点，用水和排水条件好，背风阴凉处。

裸根苗临时放置可用苦布或草袋盖好。时间较长的假植，可用假植沟，沟的深度、宽度和长度视苗木规格和数量而定。沟内按树种分别假植做标记，逐层覆土，将根系盖严。假植后注意保持覆土湿润。带土坨苗如果 1～2d 内栽完不必假植，栽不完的则集中放好，在土坨间隙及四周用潮湿的细土培好，定期给树冠喷水保湿。假植时间短的苗木可以倾斜放置在假植沟里或地面，不必直立。假植不宜超过 1 个月。

6. 散苗

将苗木按照设计规定运送并分配到每个种植穴的工序称为散苗，也称配苗。要把树形最好的一面朝向主要观赏面。散苗后要与设计图核对。行道树散苗要注意保证邻近的苗木规格大体一致。

图 5-2　大乔木的修剪

7. 修剪

栽植时对树木树冠和根系应进行不同程度的修剪，以达到减少水分蒸发，平衡树体根冠水分代谢，提高成活率的目的（图 5-2）。按照《园林绿化工程施工及验收规范》（CJJ 82—2012）中 4.5 的规定进行。

（1）树冠的修剪：全冠栽植是目前绿化施工的趋势，全冠并不意味着对树冠不加修剪，而是在保证树形的前提下，适当修剪，除非特殊情况，不提倡强剪。大树在起苗后放倒时修剪树冠较方便，栽植完再复剪；小树一般栽植完修剪。

具有明显主干的高大落叶乔木，如毛白杨、加拿大杨，应保持原有树形，适当疏枝，对保留的主侧枝在健壮芽上短截，可剪去枝条的 1/5～1/3；常绿的松类，剪除枯枝、弱枝、过密枝和下垂枝即可。

无明显中干、枝条茂密的落叶乔木，干径 10cm 以上者，可疏枝保持原树形；干径 5～10cm 者，可保留中干上几个侧枝，保持树形进行短截：成枝力较强的树种可中短截，反之可轻截。

行道树的枝下高宜 2.8～3.5m，第一分枝点以下枝条全部剪除，其上枝条少量疏剪或短截，保持树冠原形。同一条道路，相邻树木分枝高度应基本一致。

松树类苗木剪除病虫枝、枯死枝、弱枝、下垂枝和过多的轮生枝；柏类苗木不宜修剪，及时剪除双头或竞争枝、病虫枝、枯死枝。

带土球或湿润地区带宿土的裸根苗及上一年花芽分化完成的花灌木，不宜短截，只剪除枯枝、病虫枝，枝条茂密者可适量疏枝；嫁接繁殖者将接口以下砧木萌生的枝条疏除；分枝明显、新枝着生花芽的灌木，可在保持树形的基础上短截，促生新枝，更新老枝；绿篱在种植后按设计要求修剪；攀缘类和藤本苗，剪除过长部分；需攀缘上架的苗木，剪除交错枝、横向生长枝。

在非适宜的栽植季节，应根据树种的特性，保持树形，适当增加修剪量，可剪去枝条的 $1/3 \sim 1/2$。

（2）根系的修剪：主要是将断根、劈裂根、病虫根和卷曲的过长根剪去，以便栽种操作和加速根系功能的恢复。

8. 客土

当种植坑内的土壤不适宜树木生长时一定要客土，即换土，在写施工设计说明书时就应该说明，并算出换土量。在栽植前要将好土运到指定的位置。

9. 施肥

将肥料事先准备好，堆在坑边备用，栽植前在坑底部放上肥料，之后覆盖 10cm 厚的土。

10. 栽植

栽植时一定注意原来树木的朝向（特别是大树），原来朝南的面，栽植时仍朝南，但为了观赏面美观，也可以适当调整。大树入坑前检查种植穴的深度和直径与土坨或根系是否合适，如不符合要立即修正种植穴。栽植裸根苗时，埋土到穴的一多半时，将树向上提几下，振落根系截留的土壤，同时将土填满根系间的空隙，随之将土压实（先压坑边）。带土坨苗先将土坨底部四周垫少量土固定，同时解开并除去包装物，回填土壤至一半时，可用木棍夯实，再继续填满夯实。

种植时注意：种植点的平面位置和高程要符合设计要求，树体直立（特殊要求的除外），行列式栽植的一定要保持在一条线上，左右相差不超过半个树干。不宜种植过深，应与原土痕齐平；松类植物土坨应高出地面 5cm，以利于根系恢复。

11. 做水堰

根据树的大小确定水堰的尺寸。种植后，在原种植穴的外沿培高 10~20cm 的圆形围堰，用铁锹将土堰拍打牢固，以防跑水（图 5-3）。

图 5-3 做水堰

12. 支撑

支撑是为了防止树木被风吹倒或浇水后发生倾斜(图 5-4)。

支柱的形式根据周围环境确定,有桩杆式支架和牵索式支架两类。桩杆式支架有单支柱、双支柱和三角支撑、四柱支撑、联排支撑,以三角支撑常见。牵索式支架用金属丝或缆绳牵引加固。竹丛栽植后,也常用联排网格式支撑。立支架时一定要在主风方向立一根支柱(或牵索),支柱在树干的绑附点应在避免树木倾斜和翻倒的前提下尽可能降低,支撑物绑扎不要太紧,绑扎处应夹垫物,树干应保持直立。支撑物应埋入土中不少于 30cm。

图 5-4 桩杆式支架和牵索式支架

A. 桩杆式支架   B. 牵索式支架与桩杆式支架结合   C. 联排网格式支撑

13. 浇水

水质符合国家标准《农田灌溉水质标准》(GB 5084)的规定。浇水后如树木倾斜,要及时扶正并固定(图 5-5)。

栽完 24h 内灌第一遍水,2d 后浇第二遍水,7~10d 后浇第三遍水,俗称"灌三水"。浇水时应防止水流过急导致的根系裸露或冲毁土堰,可在穴中放缓冲垫。水渗下后及时用围堰土封树穴。第一次浇水次日要检查,如果种植穴土面下陷、开裂且树苗歪倒,要及时回填并将其扶正。对人流集散较多的广场、人行道,树木栽植后,种植池应铺设透气铺装,架设护栏。

图 5-5 浇水

14. 树干包裹与树盘覆盖

（1）裹干：新栽的树木，特别是树皮薄而光滑的树种，可用粗麻布、粗帆布、特制的皱纸（中间涂有沥青的双层皱纸）及其他材料（如草绳、草席等）包裹，以防树干发生日灼危害，减少病虫侵染的机会，冬天还可防寒越冬，并防止动物的啃食。尤其是树林中的小苗，其树皮易受日灼危害，包裹树干的效果十分明显（图5-6）。

包裹物固定后一层层紧挨着向上缠至至少第一分枝处。包裹的材料应保留1~2年或在影响观赏效果时取下，在多雨季节，干皮与包裹材料之间如果过湿，容易诱发真菌性溃疡病。因此包裹前在树干上涂抹杀菌剂，有助于减少病菌的感染。

（2）树盘覆盖：秋栽时，用稻草、腐叶土或充分腐熟的肥料覆盖树盘；街道上的树池也可以用碎木片、树皮、卵石或沙子等覆盖，提高栽植成活率。适当的覆盖可以减少地表蒸发，保持土壤湿润和防止土温变幅过大。覆盖时全部遮蔽表土，并保留一冬，到春天撤除或埋入土中。也可用地被植物覆盖树盘，但不能与树木生长矛盾。

图5-6 树干包裹

（四）成活调查与补植

1. 调查新栽树木的成活与生长情况

栽植后分两次调查成活率，第一次是栽后1个月左右，调查栽植成活的情况；第二次在秋末。春秋季节新栽的树木，种后不久即抽枝、展叶，但是其中一些植株表现的是"假活"现象，是依赖树干、根及枝内所贮存的水分和养分，而不是依赖新根萌发吸收的营养和水分。一旦气温升高，树体内水分耗尽，这种无新根的"假活"植株就会萎蔫，若不及时采取措施，很快就会死亡（图5-7）。

调查时，如果栽植量大，可分地段对不同树种抽样调查，如果数量少则调查全部。秋季调查成活植株新梢生长量，确定生长势的等级，最后分级归纳出树木成活的具体情况，做表存档。

图5-7 "假活"现象（左为成活的杂种鹅掌楸，右为"假活"后死亡的杂种鹅掌楸）

2. 补植

调查后发现有树木无挽救希望或挽救无效死亡的，应及时进行补植。如果由于季节、树种习性与条件的限制,生长季补植无成功的把握,则可在适宜栽植的季节补植。补种的植株规格应与死亡株一致,但质量与养护管理水平都应高于其他植株。

(五)新栽树木生长不良或死亡的原因分析

根据所调查到的情况和实际栽植过程,从栽植的各环节分析原因。如苗木质量不良导致;或没有按规范起苗,伤根太多,所带须根很少,未修剪枝叶,造成根冠水分代谢不平衡;或者是起苗后没有立即栽植或假植(或运输途中)裸露时间过长,根系失水过多,不能及时缓苗;或者栽植技术不当,如种植穴太小,根系不舒展,有窝根现象;或者栽植过深、过浅;或栽后没有及时灌水致使根系没有很好地与土壤密切接触;或灌水过多引起烂根;或栽植时间不合适,种植过晚,气温升温过快而根系尚未恢复;或是苗木适应性的问题,如在低洼处种植了不耐水湿的树种,或在荫蔽处种植了需全光照的喜光树种,或因种植地人为地践踏或污染及其他机械性损伤也会使树木生长不良或死亡。总之,凡是有损于树木生长的因素都可能造成新栽树木生长不良或死亡。

二、实习指导

(一)目的

(1)掌握绿化施工的程序。
(2)通过树木种植,掌握定点放线、修剪、栽植、浇水等树木种植的关键环节。
(3)通过调查栽植成活率,学会分析新栽树木生长不良与死亡的原因,以指导今后的实践工作;对死亡树木及时补栽,不影响种植效果。

(二)时间和地点

时间和地点随具体情况而异,不固定具体时间和地点。但实习时间宜在树木适宜种植的季节。可结合实习单位的春季或秋季绿化施工进行。

(三)材料与用具

1. 材料
苗木。

2. 用具
铁锹、十字镐、枝剪、皮尺、钢卷尺、水管等。

(四)内容与操作方法

由于实习条件的限制，本实习应根据具体情况选择以下两个方案：

方案一：有条件的情况下，以实习四的设计图为依据，定点放线并进行栽植。定点放线以小组为单位，以本组评出的图为依据，根据现状的具体情况，有针对性地采用定点放线的方法，要简便可行。定出每棵树的具体位置，用白灰或木桩标记，木桩上写明树种、种植坑的尺寸、株行距等。相邻小组互相检查放线位置是否正确。

放线后按照种植的程序，散苗后栽植。

方案二：如果仅有可以供学生进行种植设计的区域，但因条件限制，不能按设计意图进行绿化施工，则可以结合实习单位(或绿化施工企业)春季或秋季种植，按照对方的要求定点放线和种植实习。

以上两个方案，均需在种植1个月后及秋末调查栽植成活率，从栽植过程的各环节入手，分析树木生长不良和死亡的原因。

(五)作业与思考

(1)绘制种植设计图，了解定点放线的依据和过程，种植施工(挖穴直到立支架、灌三水)的过程，要求有图片及说明。

(2)调查栽植成活率，并分析树木生长不良或死亡原因。

(3)思考：①确定树木种植适宜时间的依据是什么？②树木栽植成活的原理和关键措施有哪些？

实习六 大树移植

一、概述

(一)大树的定义

大树指胸径在 20cm 以上的落叶乔木和胸径在 15cm 以上的常绿乔木。

(二)大树移植技术要点

1. 栽植地状况调查

栽植地的位置、周围环境(与建筑物、架空线、其他树木的距离等是否对树木运输有影响)、交通情况、土质、地下水位、地下管线等都应调查清楚。同时根据有关规定办理必要的手续。

2. 制订施工方案

负责施工的单位应根据各方面提供的资料和本单位实际情况,尽早制订施工方案和计划。其内容大致包括:总工期,工程的进度,断根缩坨的时间,栽植的时间,采用移植的方法,劳力、机械设备、工具和材料的准备,各项技术程序的要求以及应急抢救、安全措施等。

3. 断根缩坨

断根缩坨可以缩小土坨,减少土坨重量和促进距根颈较近的部位发生次生根和再生较多须根,提高栽植成活率。具体做法如下:

一般以树干的地围为半径(或以胸径的 5 倍为半径)向外挖沟(软材包扎土坨挖圆形沟,硬材包扎土坨挖方形沟),沟宽 40~60cm(以便于操作为准),深 50~70cm(视水平根系的深度而定),将沟内的根除留 1~2 条粗根外,全部切断(3cm 以上的根用锯锯断,大伤口应涂抹防腐剂,有条件的地方可用酒精喷灯灼烧进行炭化防腐)。并将沟内留的粗根进行宽约 10mm 的环状剥皮,但不把根切断,涂抹 0.001% 的生长素(萘乙酸等)或 3 号生根粉,促生新根。留1~2条粗根的作用是维持其吸水功能，并有固定树体的作用，防止被大风吹倒。然后填入肥沃的壤土或将挖出的土壤捡出杂物，加入腐叶土、腐熟的有机肥或化肥混匀后分层回填踩实，并注意灌水、除草等养护工作。以后，在沟内被切断的根部，可萌生大量的须根。应注意的是，实施此项措施时，并非一次将根全部断完，而是在2~3年内分段进行，每年只挖树全周的1/3~1/2，故也称"分期断根法"或"回根法""盘根法"（图6-1）。

断根缩坨一般在移植前2~3年的春季或秋季进行；最后移走时比原来坨的半径大10~20cm起挖即可（图6-1）。

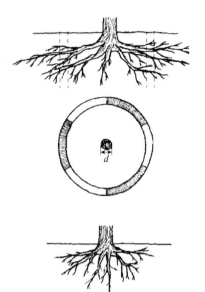

图6-1　断根缩坨(仿《树木生态与养护》，陈自新、许慈安译，1987)

4. 起球软材包扎

（1）挖种植穴：采用软材包扎移植，种植穴通常挖成圆形。

（2）起树：

①土壤干时则应在起树前1~4d浇水。

②起树前应将树干下部枝条向树干方向捆牢，以免损伤，又便于操作。同时，立支柱固定树干以防树木突然倾倒。

③起球的大小根据苗木的根系分布及土壤情况而定，对于重点和珍贵的树木，如果对树木根系分布情况不了解，应试挖探根。一般起球范围是树木胸径的6~8倍；断根缩坨则在断根沟的外沿扩大10~20cm起挖。

④起土球前先将表层的浮土铲除，再以根颈为圆心，以要求规格的1/2为半径（通常以该树的地围为半径）开沟；沟宽以便于操作为准。断根时，凡是直径2cm以上的大根应用锯锯断，大伤口应消毒（用高锰酸钾或硫酸铜），并用羊毛脂、蜡或漆封口防腐；小根宜用剪刀剪断，剪口要平。千万不要用铁铲硬切，以免震散土球。

⑤土壤中有大石块或灰墩等物或根群生长稀疏，土球应酌量增大；根群生长健壮的，土球可酌量缩小。

⑥深度超过土球高度的1/2时，进行削坨，软材包扎一般削成"红星苹果"的形状。土坨中的大石块等物先不要取出，待栽植时再取出，以免散坨。

⑦当起到规定深度后（土球的高度则视根系分布和土壤质地而定），要缠20cm左右的腰绳，腰绳要缠得很紧并系牢。然后掏底土，先在土球底部向下挖一圈沟，再从周围向土球方向慢慢小心地铲土，直到土球底部留下1/5~1/4的心土。此时遇粗根应掏空土后再锯断，绝不能用铁铲硬切。

⑧在起树时，如当天未起完，应将土球用湿稻草或草袋盖上，以免风吹日晒，根内水分大量蒸发或损伤土球。如果晚间有雨，应苫上塑料薄膜并压实，以防雨淋土壤流失。

5. 包扎

包扎是移栽大树过程中保证树木成活的一个重要措施之一，分树身包扎和根部包扎两部分。

（1）树身包扎：树身包扎可缩小树冠体积，有利搬运，同时还有避免损伤枝干和树皮的作用。一般使用1.5cm粗的草绳，先将比较粗的树枝绑在树干上，再用草绳横向分层捆住整个树身枝叶，然后用草绳纵向连牢已经捆好的横圈，使枝叶不再展开，因而缩小了体积。最后还要将树干基部用稻草和草绳包扎，以保护根颈。包扎树身时，尽量注意不要折断枝叶，以免损坏树形的姿态。树木栽完后，要将树身包扎的材料去掉。

（2）根部的包扎：软材根部包扎又分金钱包、五角包、橘子包。究竟采用哪种包扎方式比较合适，则由运输距离、土质、树种和树体的大小决定。

①五角包、金钱包（井包） 凡是落叶树或2t以下的常绿树，运输距离又较近，土质坚硬，均可采用金钱包和五角包（图6-2、图6-3）。

②橘子包（荸荠包） 凡是珍贵树种或2t以上的树木，且土质较疏松，搬运距离又较

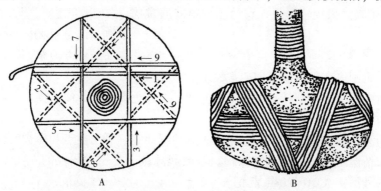

图6-2　井字包包扎法示意图（实线表示土球球面线，虚线表示土球底线）
A. 平面　B. 立面

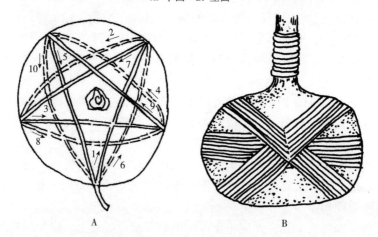

图6-3　五角包包扎法示意图（实线表示土球球面线，虚线表示土球底线）
A. 平面　B. 立面

远，宜采用橘子包，目前移栽大树规格都很大，所以多采用橘子包。

无论采用何种形式，包扎必须结实，均须用力拉紧草绳。采用橘子包时，草绳缠到拐弯处要用砖头或木槌轻轻将草绳打入土球；所以，橘子包通常由两个人完成，一个人拉紧草绳，另一个人捶打；缠草绳的距离一般5cm左右，缠完一圈，再反方向缠一圈；如遇上土质疏松或树较大，可先用大蒲包片自上向下将土球包裹，再用草绳在外面用草绳缠紧；然后打腰箍，腰箍宽20~30cm，并用草绳按"W"形将腰箍与打包的草绳连牢、捆紧（图6-4）。

图6-4　橘子包及其腰箍

6. 修剪

移栽前要修剪树冠。修剪的程度要看根系及树种而定，一般说来，野生较半野生大树的须根少，所以野生较半野生树木修剪量大；常绿树较落叶树蒸发量大，修剪应重，如香樟剪去小枝的1/2左右，还要去掉一部分叶片；广玉兰约剪去枝叶的1/3。此外，萌芽力强、生长快的槐树、悬铃木、香樟可重剪；萌芽力弱、生长较慢的马尾松应轻剪；常绿树适当地疏剪枝叶或喷蜡。修剪时一定要保持所要求的树形。广玉兰、银杏等通常不能短截，回缩时要维持原来的树形。栽完还必须根据新栽植地周围环境进行复剪。

7. 栽植

与一般树木栽植技术基本相同，但大树重量大不易移动。散苗时，首先检查栽植坑，坑小或坑深要扩坑或回填土。保证树木最佳观赏面和原有朝向。将包扎物拆除，填土至穴一半时，用木夯将土球周围夯实，再填土直到穴满为止，再夯实。栽后松开下部树枝的包扎，并复剪。

8. 立支柱

支柱必须结实、牢固，与树干有夹垫物，与环境协调。

9. 筑堰灌水

与一般树木相同。

10. 缠干、覆盖

与一般树木相同。

11. 促进生根

对珍贵和生长势弱的大树，可用药剂促发新根。可在起挖削平土球后，立即用水溶性的生长促进物质涂抹断根伤口或栽完后灌溉生长促进物质。

12. 使用保水剂

保水剂可提高土壤的通透性，还可保墒，提高树体抗逆性，另外可节肥30%以上，尤适用于北方以及干旱地区大树移植时使用。

13. 输液促活

为了维持大树移植后的水分平衡，通常采用外部补水（土壤浇水和树体喷水）的措施，但有时效果并不理想，灌溉方法不当时还易造成渍水烂根。采用向树体内输水或营养液的方法，即用特定的器械把水分直接输入树体木质部，可确保树体获得及时、必要的水分，从而有效提高大树移植的成活率。

14. 微喷

对于根系受损而水分能力显著下降的新移植大树，特别是在光照强烈、水分蒸腾损失大的高温季节，确保适时适量的水分供给和局部环境温湿度，可有效提高大树移栽成活率。微喷系统利用微喷头，对移植的大树进行多次、少量的间歇微灌，不仅可以保证充分的水分供给，又不会造成地面径流导致土壤板结，有利于维持根基土壤的水、肥、气结构。而且笼罩整株大树的水雾，在部分蒸发时可有效降低树木周围的温度，减小树冠水分蒸腾，最大限度地提高成活率。

二、实习指导

(一)目的

了解大树移植程序，掌握大树移植技术及提高大树移植成活率的措施。

(二)时间和地点

时间和地点随具体情况而异，一般在春季或秋季。

(三)内容与操作方法

1. 大树移植技术调研

调查学校周边大树移植操作。包括：

(1)栽植地状况调查：对栽植地的位置、周围环境(与建筑物、架空线、共生树之间的距离等是否对运树有影响)、交通情况、土质、地下水位、地下管线等进行调查。

(2)分析筛选适合移植的大树。

(3)掌握移植过程中的关键技术以及提高移植成活率的措施。

2. 制订施工方案

根据调查资料和调研情况，制订大树移植施工方案和计划。其内容大致包括：总工期，工程的进度，断根缩坨的时间，栽植的时间，采用移植的方法，劳力、机械设备、工具和材料的准备，各项技术程序的要求以及应急抢救、安全措施等。

(四)作业与思考

(1)完成大树栽植地调查报告。

(2)编制大树移植施工方案。

(3)保证大树移栽成活的技术措施有哪些？

(4)"断根缩坨"有何作用？如何进行？需要注意什么问题？

实习七
观赏花木冬季修剪

一、概述

(一)修剪时期

观赏花木的修剪时期分为休眠期和生长期修剪,也称为冬剪和夏剪。

(二)修剪方法

1. 截

休眠季节将一年生枝剪去一部分叫短截。将多年生枝从梢端剪去一部分则叫回缩。

根据枝条剪去的多少和对剪口芽刺激作用的大小,短截分为轻短截、中短截、重短截和极重短截(图7-1)。

(1)轻短截:将一年生枝条的顶梢剪去1/6,以刺激下部多数半饱满芽的萌发,促发更多的中短枝,以形成更多的花芽。此法多用于观花观果树木的强壮枝的修剪。

(2)中短截:将一年生枝条剪去1/3~1/2,即剪口在中部和中上部饱满芽的上方,使

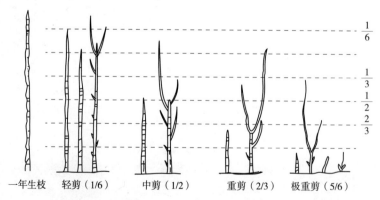

图7-1 枝条短截类型示意图(引自《观赏花木整形修剪手册》,胡长龙,2004)

40

保留芽的养分相对增加，也使顶端优势转移到这些芽上，刺激发枝。

（3）重短截：将一年生枝剪去 2/3～3/4，刺激作用大，由于剪口下的芽多为弱芽，剪口下的 1～2 个芽形成旺盛的营养枝，下部可形成短枝。适应于弱树、老树和老弱枝的更新。重截对剪口芽的刺激越大，萌发的枝条就越壮。

（4）极重短截：指在枝条基部轮痕处短截，剪口下仅留 2～3 枚芽，由于剪口芽质量差，只能长出 1～2 个中短枝。

调整一、二年生枝条长势时，对强枝要轻截，弱枝要重截。

截口保护：一般大于 1cm 的截口，都应加以保护，用洁净刀具将截口修剪平滑然后消毒，最后涂保护剂。

2. 疏

将枝条从分枝处全部剪掉称为疏除，包括从干上疏除主枝，从主枝上疏去侧枝等，又称疏剪、删剪，简称疏。当疏除直径 10cm 以上大枝时，锯截位置及操作方法正确与否直接影响到修剪伤口愈合的快慢和树木的健康。

大枝的疏除应采用三锯法（图 7-2）：

第一锯先在距截口 25cm 处由下至上锯一伤口（倒锯），深达枝干直径的 1/3～1/2，然后在距第一伤口的外侧 5cm 处自上而下锯截（第二锯），此时侧枝可被折断，第三锯在留下的侧枝桩上枝皮脊外侧截断，最后利刀将截口修整光滑，涂保护剂或用塑料布包扎。

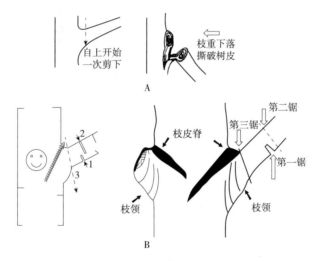

图 7-2　大枝三锯法疏除大枝（引自《观赏花木整形修剪手册》，胡长龙，2004，略有改动）
A. 错误的剪法　B. 正确的剪法

3. 长放

营养枝不剪称长放或甩放。长放的枝条留芽多，抽生的枝条也相对增多，虽营养生长变弱，但能促进花芽分化。一般长势中等的枝条应用长放，促成花芽把握性较大，不会出现越放越旺的情况。长放后，枝条背上的直立枝常会逐渐加粗，越长越壮，出现"枝上树"的现象。一般情况下，对枝背上的直立枝不能任由其长放，如果要放也必须结合弯枝、扭梢或环剥等的修剪措施。

丛生的连翘、金银木等花灌木修剪时，为了形成潇洒飘逸的树形，在树冠的上方往往长放 3~4 条长枝，远观长枝随风摆动，非常好看。

4. 伤

包括目伤、纵伤、横伤、折裂等。

图 7-3　目伤

1. 在芽上方刻伤　2. 在枝下方刻伤

目伤：是在芽或枝的上方或下方进行刻伤，伤口的形状像眼睛，所以称为目伤。伤的深度以达到木质部为度。休眠季在芽或枝的上方刻伤，由于春季树液是从下向上运输的，使养分和水分在伤口处受阻，聚集于该芽或枝，促使该芽萌发。利用此法可以在希望生枝的部位上方目伤。当在芽或枝的下部目伤时减弱了上面的枝的生长势，利于花芽的形成。刻伤的伤口越宽越深，作用越明显(图 7-3)。

纵伤：在枝干上用刀纵切，深达木质部，作用是减弱对树皮的机械束缚力，促使枝条加粗生长。盆景树木常用此法使树增粗变老。

横伤：是对树干或粗大主枝横砍数刀，深及木质部。作用是阻滞有机物向下运输，利于花芽分化，促进开花结实丰产(图 7-4)。

折裂：为了曲折枝条，使之形成各种艺术造型，常在早春芽稍微萌动时，对枝条施行折裂处理。具体做法：先用刀斜向切入，深达枝条直径的 2/3~1/2 处，然后小心地将枝弯折，并利用木质部折裂处的斜面互相顶住。为了防止伤口水分损失过多，往往在伤口处进行包裹(图 7-5)。

5. 变

变是改变枝条生长的方向和角度，调节顶端优势的措施。变有屈枝、拉枝、圈枝、撑枝、蟠扎等形式。圈枝和蟠扎在盆景制作中较常用。

图 7-4　横伤

图 7-5　折裂

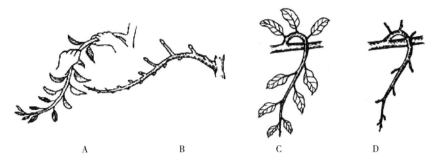

图 7-6　屈枝的方法及屈枝后枝条的反应(仿自果树整形修剪技术图释，网络资料)
A、C. 对枝条进行处理　B、D. 处理后枝条的反应

屈枝：将枝条或新梢采取屈曲、绑扎或扶立等诱引技术措施(图 7-6)。这一措施虽未损伤任何组织，但当直立诱引时，可增强生长势；当水平诱引时，则有中等的抑制作用，使组织充实，易形成花芽；当向下屈曲诱引时，则有较强的抑制作用。

拉枝：用绳子或金属丝把枝角拉大，绳子或金属丝一端固定到地上或树上；或用木棍把枝角支开；或用重物使枝下坠(图 7-7)。拉枝的时期以春季树液流动以后为好，这时的一、二年生枝较柔软，开张角度易到位而不伤枝。在夏修剪中拉枝也是一项不可少的工作。

圈枝：在幼树整形时为了使主干弯曲或成疙瘩状，常采用圈枝的技术措施。可以削弱生长势，使树干变矮，并能提早开花。圈枝一般在冬剪时进行，多用于非骨干枝。圈枝不能太多，切忌重叠，影响树冠内光照。

撑枝：扩张枝条角度时使用的方法(图 7-8)。

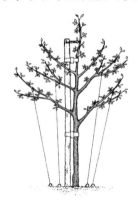

图 7-7　拉枝

(仿自 *Pruning & Training*, C. Brickell & D. Joyce，2006)

图 7-8　撑枝

(三)不同类型花木的整形修剪

花木类的修剪，必须掌握其花芽分化类型、开花习性、花芽着生部位、花芽的性质等特点。

1. 早春开花的种类

早春在老枝上开花的灌木，如苹果属、木兰属、李属、连翘属、丁香属等花木，花芽分化在前一年的夏秋季进行，属于夏秋分化型。

由于冬季劳动力充足，很多地方都在休眠季修剪这类早春开花的树种，实际降低了观赏效果，这种做法不可取，应当根据绿地等级和观赏特点在适当的时间修剪。在实际生产中，有些种类只进行常规修剪，仅将枯死枝、病虫枝、过密枝、交叉枝、徒长枝等疏除，其他枝不修剪；有些种类除常规修剪外，还需要进行造型修剪和花枝组的培养，以增加观赏性、艺术性。

修剪时要注意以下问题：

首先，景观中的整形修剪是苗圃整形工作的延续。修剪方案不要随便变更，否则不但毁坏了树形、影响观赏效果，也会造成修剪过量，影响树势。

其次，了解枝芽特性，尤其要看花芽着生的位置、性质、花芽类型，确定修剪方法和位置。要注意剪口芽的位置，剪口芽指修剪后剪口下的第一个芽。

如玉兰、山茶、杜鹃花等当年抽生的旺枝顶芽形成顶生花芽，第二年开花，休眠季修剪时，一般不能短截着生花芽的枝条，必要时可疏枝。当要扩大树冠时，可对主枝的延长枝头进行短截。

桃花、梅花等当年抽生的枝条叶腋处形成花芽，第二年开花，适时短截可以诱发短枝。垂丝海棠、柑橘类的细弱枝、徒长枝不形成花芽，基部的短枝或下部枝形成花芽，健壮枝应休眠期短截，每枝保留6~10个花芽，翌年6~9月短枝形成花芽，下一年春天开花。再如连翘、迎春等具有拱形枝条的种类，虽然其花芽着生在叶腋中，为形成飘逸的树形一般也不实施短截修剪，而采用放、疏结合回缩的方法。疏除过密枝、枯死枝、病虫枝及冗长扰乱树形的枝条；回缩老枝，促发强壮的新枝，以使树形饱满。

最后还要看栽培目的。如连翘和迎春，通常是作丛生灌木状修剪，也有作垂直绿化和单干小乔木修剪的。

2. 夏秋开花的种类

紫薇、木槿等夏秋开花的花木在当年发出的新梢上开花。花芽是在当年春天发出的新梢上形成。这类花木通常在春季树液开始流动前修剪。冬季较寒冷的北方，则一般不在秋季修剪，以免枝条受刺激后发出新梢，遭受冻害。修剪方法因树种不同，主要是短截和疏剪相结合。如紫薇等花后还应该去残花，使养分集中，延长花期；有的还可使树木二次开花(珍珠梅、锦带花等)。此类花木修剪时应特别注意：开花前不要进行重短截，因为此类花木的花芽大部分着生在当年生枝条的上部和顶端。

3. 观枝类树木

观枝类花木指的是以枝条形状和落叶后萌芽前枝条色泽为主要观赏对象的花木。红瑞木、'金枝'红瑞木、粉皮柳等以枝条颜色为观赏对象的花木，枝龄年轻时，枝条色泽鲜艳。枝龄较大时，枝条多呈黑色或深褐色，观赏价值降低。目前国内常将这类花木修剪成顶部平齐的形态，但已呈黑色失去观赏价值的老枝仍夹杂其中，这样的修剪并不可取。以观枝条颜色为主的灌木，每年早春要平茬或重剪，促发强壮的新枝，同时将失去观赏性及过密的老枝彻底疏除。'金枝'国槐等观枝乔木，每年春季萌芽前也须适当中度或重短截，促进新枝形成，落叶后，一年生枝条色泽鲜艳，观赏性强(图7-9)。

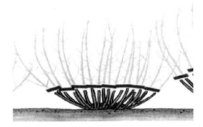

图7-9　观枝花灌木的修剪

(仿自 *Prunning & Training*，C. Brickell & D. Joyce，2006)

(四)修剪工具

(1)普通修枝剪：又叫圆口弹簧剪，适合于修剪直径3cm以下的枝条。操作时，用右手握剪，左手将枝条向剪刀方向用力猛推，即可剪掉枝条，切记不要向内扳枝条。

(2)高枝剪：适用于高处枝条的修剪。

(3)手锯：长25~30cm，刃宽4~5cm，齿细，锯条薄而硬，锯齿锐利，齿刃左右相间平行向外。适用于花木、果木、幼树的粗枝。

(4)梯子：工作人员修剪高大树体的高位干、枝时登高而用。在使用前首先要观察地面软硬凹凸情况，确保梯子放稳，以保证其安全。

剪刀、锯、刀子等金属工具用过后，一定要用清水冲洗干净，再用干布擦净，并在刀刃及轴部抹上油。放在干燥处保存。其他工具在使用前，都应进行认真检查，以保证使用安全。

(五)修剪中常见的技术问题

1. 剪口位置和剪口芽的关系

短截枝条时，平剪则剪口小，斜剪则剪口大。剪口的状态和剪口芽的关系如图7-10所示，其中当剪口位于剪口芽的上方0.5cm处时有于营养输送，避免剪口处枝条干枯；如果是斜切口，切口下端与芽之近中部相齐，这样剪口小，易愈合且利于芽体生长发育。

2. 剪口处芽的状态

剪口处留壮芽，发壮枝；剪口留弱芽，则发弱枝。如剪口芽萌发的枝条作为主干延长枝培养，剪口芽应选留使新梢顺主干延长方向直立生长的芽，同时要和上年的剪口芽相对，即在另一侧。主干延长枝一年选留在左侧，另一年就要选留在右侧，使其枝势保持平衡，不致造成年年偏于一方生长，使主干呈直立向上的姿势延伸(图7-11)。

如果为了扩大树冠，剪口芽作为主枝延长枝培养，宜选留外侧芽作剪口芽，芽萌发后可生长为斜生的延长枝。如果主枝过于平斜，也就是主枝开张角度过大，生长势较弱；短截时剪口芽要选留上芽，则芽萌发后，抽生斜向上的新枝，从而增强生长势。所以，在实际修剪工作中，要根据树木的具体情况，选留不同部位和不同饱满程度的芽进行剪截，以达到平衡树势的目的。

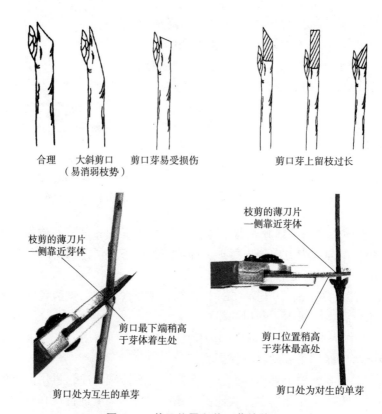

图 7-10　剪口位置和剪口芽的关系

（引自 *Prunning and Training*，C. Brickell & D. Joyce，2006）

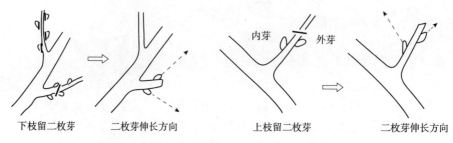

图 7-11　剪口芽的状态（上、下枝留芽的生长方向）

（引自《观赏花木整形修剪手册》，胡长龙，2004）

(六)修剪注意事项

(1)修剪前要对所修剪花木的生物学特性有一定的了解，并懂得修剪的基本知识。

(2)修剪工具要坚固和锋利，不同的情况应用相应的工具。如电线附近使用高枝剪修剪时，不能使用金属把的高枝剪，应换成木把的，以免触电；修剪带刺的花木时，应配备枝刺扎不进去的厚手套，以免划破手。

(3)修剪时一定注意安全，特别上树修剪时，树不能有安全隐患，梯子要坚固、放稳，不能滑脱；大风天气不能上树作业；有心脏病、高血压者不能上树修剪。修剪时不可说笑打闹，以免发生事故。

（4）几个人同剪一棵树，应先研究好修剪方案，再动手去做。如果树体高大，则应有一个人专门负责指挥，以便在树上或梯子上协调配合工作，绝不能各行其是，最后造成无法挽回的局面。

（5）及时清理剪下的枝条，既保证环境清洁又消除安全隐患。

（6）对外修剪技术服务，最好与业主签定合同，避免法律和经济纠纷。

（7）高压线附近的修剪应由电力等专门人员配合进行。

二、实习指导

（一）目的

整形修剪是确保花木符合设计意图和栽培目的的重要技术保障。合理的修剪可以培养完善的树体结构，使花木更长寿、树体更安全、姿态更优美、景观更持久，以充分发挥花木的组景美化、生态防护、结合生产等综合功能。

桃花、牡丹和龙爪槐是我国温带地区重要的观赏花木，以桃花、龙爪槐和牡丹为例，进行花木整形修剪的实习，培养学生综合运用课堂学习的知识进行花灌木整形修剪的能力，掌握整形修剪的技法和步骤，提高学生动手修剪的能力。

（二）材料

进入成年期的碧桃、初步成形的龙爪槐、5年生以上的牡丹。

（三）内容与操作方法

1. 桃花的整形修剪

桃为落叶小乔木，合轴分枝，干性弱，长势和发枝力较梅花强，喜光耐旱，不耐阴，隐芽寿命短。桃花按照枝姿和种性分为六大品种群：直枝桃品种群、垂枝桃品种群、帚形桃品种群、曲枝桃品种群、寿星桃品种群、山碧桃品种群。

（1）修剪的原则和方法：根据环境修剪。修剪前首先要观察环境，环境决定功能，功能决定树形。这里的环境既包括生态环境，也包括艺术环境。通过观察看是孤植树还是群植树，孤植树形态可以奇特，群植树宜树形整齐统一，要注意空间大小与树木体量的关系。

根据环境的需要，桃花可修剪成自然开心形、杯状形、桩景式、悬崖式4种树形。如在草坪、坡地等处，群植或列植、丛植可修剪成自然开心形、杯状形；水边可以修剪成悬崖式；庭院孤植也可以是桩景式。

修剪时先修剪去掉内膛枝、并生枝、交叉枝、病死枝等，然后根据原有树形和品种特性修剪。

①自然开心形　此种树形是自然杯状形的改良与发展。主枝大多数为3个，也有2或4个主枝的。主枝在主干上错落着生，在主枝上适当地配备侧枝(同级侧枝要留在同方向)；同时，在主枝的背上、中部留有大的花枝组，上部和下部留有中、小花枝组(图7-12)。这种整形方式比较容易，又符合树木的自然发育特性，生长势强，骨架牢固，立体开花。目前园林中干性弱的喜光树种多采用此种整形方式。

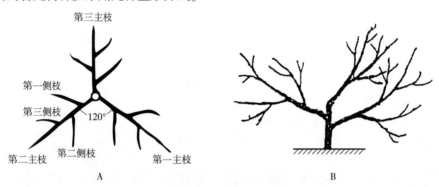

图7-12　自然开心形(仿《桃花》，张秀英，2000)
A. 平面图　B. 立面图

②自然杯状形　是杯状形的改良树形。杯状形即是常讲的"三股六杈十二枝"(图7-13A)。杯状形有主干，主干上着生3个主枝，俯视各主枝间呈120°，每一个主枝再分叉生成2个长势一致的主枝延长枝，下一年再留2个分枝，共形成12个长势一致的分枝，树冠中空如同杯形。杯状形的优点是光照好，但主枝机械分布，主从关系不明显，结合不牢固，主枝暴露于光下，易引起病害。自然杯状形是对杯状形的改良，主枝分布比杯状形灵活，枝条数量不一定是12枝或6枝，枝条按照其自然生长方向灵活布局，不强制要求每一主枝上的分枝数量(图7-13B)。

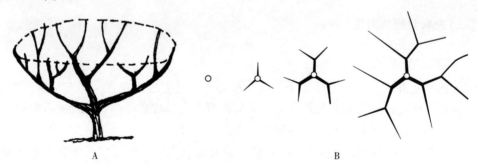

图7-13　杯状形和自然杯状形(仿《桃花》，张秀英，2000)
A. 杯状形　B. 自然杯状形

③悬崖式　一般在水边、山坡上应用。有一个低矮的主干，并在向水的方向上选留一个大枝，角度要尽量大一些，其上培养枝组，形成亲水的感觉。在树干的另一侧也培养一个主枝，该主枝分枝角度要小一些，并注意短截，培养一个大枝组，形成优美的树形。

④桩景式　对树干通过蟠扎形成弯曲，同时在每个弯曲处选留主枝，主枝上在选留侧枝，侧枝短截时要一年留左，一年留右，使枝条弯弯曲曲。

（2）根据年龄修剪：桃树的寿命一般 30~50 年，20 年后开始衰弱，最佳观赏期 6~20 年。一般幼年期轻剪，促使早开花，快速形成树体结构；老年期要重剪，以刺激更新；成年期要平衡修剪，细致修剪，注意枝组的配备和更新，以延长最佳观赏期。常用的双枝更新，即两个一年生枝一个短截、一个甩放或轻截，形成一长一短，也叫钩状修剪。

（3）根据品种修剪：不同品种枝芽特性和修剪反应不同，要因品种修剪。

①直枝桃类　枝条直立较粗壮，按照花型分为单瓣型、梅花型、月季型、牡丹型和菊花型 5 类，代表品种有'单粉'桃、'绛桃'、'二色'桃、'五宝'桃、'菊花'桃等。

这类品种的枝条的类型有直立枝、斜生枝、水平枝、下垂枝、内向枝、重叠枝、平行枝、交叉枝。而花枝按其长度可分为徒长性花枝、长花枝、中花枝、短花枝和花束状枝 5 种：

徒长性花枝　长度为 60~80cm，粗度为 1.0~1.5cm；生长较旺，叶芽多；一般花芽质量较差，有复芽，所在节位较高；副梢较少，其位置也较高。

长花枝　长度为 30~60cm，粗度为 0.5~1.0cm；生长适度，花芽多并饱满，多复芽；无副梢或有较弱的副梢。

中花枝　长度为 20~30cm，粗度为 0.4~0.5cm；其上有单芽和复芽；无副梢。

短花枝　长度为 5~20cm，粗度小于 0.4cm；多单芽；无副梢。

花束状枝　长度小于 5cm；多单芽，仅顶芽为叶芽；无副梢。开花结果后发枝能力差，易衰老。

不同种类的花枝修剪不同，徒长性花枝轻度短截；长花枝保留 8~12 节花芽短截；中花枝 30~50cm 开花最好，留 5~6 个节短截。短花枝留 3~4 个节短截或不短截，花束状枝不能短截。'菊花'桃类常用自然开心形，但'菊花'桃树势弱，枝条细，仅去除枯死枝、病虫枝、过密枝，不必枝枝过剪，基本保持品种的原有自然状态。萌芽力高、成枝力低的桃花品种，如'白碧'桃、'晚白'桃，应在饱满芽处短截，促发长枝，并注意及时疏枝，保持通风透光。萌芽力高、成枝力强的桃花品种，如'红碧'桃、碧桃应在较弱芽处轻截，促进短枝形成和花芽形成，缓和树势。

②垂枝桃类　这类品种采用伞形的树形。因其枝条细长下垂、芽较弱，宜采用截和疏相结合的方法，由于垂枝桃类枝条自然向下生长，每年冬剪时，为了扩大树冠和抬高枝势，对长枝在饱满芽处短截，剪口留上芽不能留下芽。同时为了增加观赏效果，防止树体早衰和病虫害的发生，在短截长枝的同时，应注意各类花枝组的培养与分配，对过密枝、冗长枝、病虫枝、衰老枝都应一一疏除。

③帚型桃类　树体高大，枝条直立向上生长，且分枝角度很小，树冠高而窄，品种有'照手红'、'照手姬'、'照手桃'等。修剪时要留枝条的外侧芽，同时同一级枝条高度保持一致，使枝条聚拢不开张，树冠匀称丰满。

④寿星桃类　株型矮小，枝条节间短，着生紧密，代表品种有'单瓣寿白'、'寿粉'、'暇玉寿星'等。寿星桃采用多主枝形或多主干丛球形树形（图 7-14）。多主枝形的整形修剪方法如下：在苗圃期间先留一个低矮的主干，其上均匀地配列多个主枝，在主枝上一般选留外侧枝，不留内侧枝，使其形成均整的树冠。多主枝形可以形成优美的瓶状，可以提早开花，而且在冬季又可以观赏其树形和枝态。多主干丛球形是留 4~6 个主干，在主干

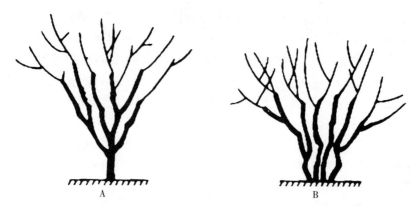

图 7-14　多主枝形与多主干形
A. 多主枝形　B. 多主干丛球形

的适当位置选留主枝，注意同级主枝保留在同一方向上，避免交叉，然后再留侧枝，培养枝组，一般不进行短截。修剪时疏去过密枝。

⑤山碧桃类　即桃花与山桃(*Prunus davidiana*)的杂交后代，树皮光滑，树体高大，小枝细长、无毛。雌蕊早期萎蔫或无雌蕊，代表品种有'白花山碧'桃、'品红'桃、'品霞'桃。山碧桃树体高大，宜选用有中干疏散分层的树形，主枝分布应均匀，修剪时一年生枝不用短截，主要进行常规修剪。

⑥龙游类　龙游类一年生枝呈"之"字形弯曲，树形婆娑，宜整成多主枝形。一年生枝一般不短截，主要进行常规修剪。

(4)根据树势修剪：不同类型品种的长势不同，同一品种在不同的肥水管理和不同的修剪程度条件下树势不同。从一年生枝条的数量和长度、花芽着生状况可以判断树势的强弱。从不同主枝的长度和枝条数量可以判断主枝间长势是否均衡。调整主枝间不平衡的方法是：强主枝强剪(即修剪量大一些)，弱主枝弱剪(即修剪量小一些)。侧枝间不平衡的调整办法是：弱侧枝短截时在饱满芽处短截，并留壮芽。强侧枝在弱芽处短截，促生弱枝。还要看营养生长与生殖生长是否均衡并分析原因，若大枝选留过多，容易长势过晚，而不开花，就要疏除一些大枝。

(5)因枝修剪：即随树做形，实事求是，不一刀切，不盲目追求某一树形的角度而大改大剪。

2. 牡丹的整形修剪

(1)枝条特性：牡丹当年生枝从上至下第一个芽点以下的部分(一般长 2~4 个节)才能木质化，芽点以上则连叶片全部枯萎死亡，俗称"枯枝退梢"，这也是俗语牡丹"长一尺退八寸"的由来。

牡丹枝可以自我更新，植株基部的萌生芽发育成的新枝，可代替原有逐渐衰弱老枝，从而实现植株的更新。这也是牡丹修剪、老株复壮的基础。但新枝条要有目的地选留，既要年年有花可赏，又不破坏原有的株形。

(2)修剪的时间：休眠期，早春萌芽后、开花后。

①休眠期修剪　此时以短截和疏剪为主。

在我国西北及东北地区，由于冬季气候寒冷，牡丹修剪留待早春萌芽前或刚萌芽时进行。而河南等地的公园，出于保持园容园貌的需要，可在牡丹越冬防寒前，将枯叶、枯枝、细弱枝、病虫枝、伤残枝全部疏除，每个老枝条留1~2个分枝(一年生枝)，每个分枝在第一个饱满芽的上方短截(图7-15)。在北京地区，修剪时为保证假顶芽和腋芽(这些芽往往是混合芽，来年开花)安全过冬，当年生枝条上部的干枯部分并不完全剪除，而是保留下部的5~8cm，枯叶也不完全去除，保留下部3~5cm长的叶柄，其余剪除，以保护叶腋处的腋芽(图7-16)。来年早春牡丹萌芽前，再将残留的干枝和叶柄一并去除。在黄河以南冬季不甚寒冷的地区只做常规修剪，与河南地区的修剪方法基本相同。

图7-15 牡丹冬季修剪
(示剪口芽与剪口位置)
(河南、山东等地)

图7-16 牡丹冬季修剪，保留芽
上部分枯枝和叶柄
(景山公园)

②生长期修剪 以定干、除芽与疏蕾为主。牡丹定干、除芽与疏蕾要同时进行。操作前要先认清品种，观察植株周围环境和生长状况，合理而有计划地修剪，才能达到预期目的。

定干 定植后，前1~2年可任其自然生长，第三年自基部选留数个向四周均匀分布的枝条，作为主干(枝)，组成树丛。同时将内向的冗长枝、交叉枝和并行枝剪去。

主干的数量依品种、树龄和应用目的而异。生势强、生长量大的品种，如'二乔'，可选留5~7枝；生势弱、成枝力差的品种如'丹炉焰'，可任其生长只稍加修剪。而'大棕紫'、'十八号'、'赛雪塔'等品种，萌蘖芽很少，可在粗壮的主枝上选留2个侧枝，培养成二级主枝，以扩大冠丛。

随着株龄的增长，树冠开展角度增大，一般不再增加主枝，可在丛冠有较大空隙的地方，选留侧枝填补；如植株偏冠，株形不圆整，而主枝上又无合适的侧枝填补时，或当年的枝干数不够，可在次年植株基部的萌蘖枝中选留方向合适的枝条补充。植株因其他原因而损伤了主枝，必须剪掉更新时，也可选用侧枝填补或基部萌蘖增补；选留侧枝时必须注意侧枝与侧枝不能互相重叠，更不能相互交叉。也可用细铁丝与细木棍采用撑拉法矫正丛冠，效果也很好。

除芽　也称去萌。春季牡丹植株基部萌发很多萌蘖(有的来自砧木萌蘖)，去除萌蘖和老枝下部的弱芽是生长期修剪的重要内容。当新枝尚未木质化且花蕾直径 1.0cm 左右时是最佳修剪期，此时新枝易剔除，且易于判断欲选留的花蕾是否充实。过早修剪，基部的萌蘖芽还没全部出土，一次难以除净，且花蕾幼小，不易判断花蕾的质量；过晚修剪，多余的侧萌蘖芽已消耗掉大量养分，对所留枝条生长无益。牡丹基部萌蘖芽生长势强，消耗养分多，如不需增补或更新主枝，应彻底剔除干净，除萌蘖生长期这一操作应连续进行。这就是常说的"牡丹洗脚"。

如果是繁殖母株，每株可保留数个萌蘖芽作接穗或分株之用。但不可过多，以免减弱植株的生长势；当主枝因衰老或其他原因剪除后，萌蘖芽与枝条下部腋芽都可替补培养成新主枝。

对生长细弱或发生重叠、交叉及与主枝争夺营养的侧枝，也要及时疏除。

疏蕾　要保证牡丹花大色艳，必须疏掉过多的花蕾，集中养分以供主蕾开花。疏蕾与去萌、除侧枝同时进行。原则上一个主枝留一个花蕾，去小留大，如主枝较粗壮，而又需要侧枝填补空隙，则保留两个花蕾，有些品种生长强壮、成花容易，主枝上往往能萌发 2~3 个带花蕾的侧枝，少数品种顶花蕾不如第二个花蕾发育饱满，可去除顶花蕾，保留下面的花蕾。

花后修剪　开花后，除需要采种外，应将残花连花下第一片叶全部去除。此时植株基部往往还会再次萌发出一部分萌蘖芽，这些萌蘖芽也要及时去掉，花后残留的干枯枝、损伤枝及春季修剪时遗漏的多余侧枝，此时也要及时剪除，这一过程称作牡丹的第二次整枝拿芽。

图 7-17　未及时将砧木萌条剪除的龙爪槐

3. 龙爪槐的整形修剪

这类枝条下垂的花木还有垂枝梅、垂枝丁香、垂枝冬青、垂枝槭、垂枝云杉等。

龙爪槐的整形与垂枝桃类似，整形成伞形或多层伞形。

龙爪槐有一个直立的主干，主干不高，若不修剪，下垂的枝条不仅越来越长影响观赏，而且枝条将垂到地上。修剪时先将内部的枯枝清理干净，树冠内的下行直枝、平行枝、重叠和交叉枝根据其分布的位置选留，留下向外扩展的拱形枝条，使树冠呈伞形，且主枝均匀分布。砧木发出的直立枝和斜上枝要完全清除干净，不留残桩，否则就会如图7-17所示，树形被破坏。

修剪时在每一主枝上选留侧枝，侧枝在拱形最高处以下适当位置处短截，短截时剪口芽留上芽，不留下芽；上芽次年发出的枝条向上向外呈拱形生长，残留的下芽发出的枝条则在次年清除干净。

而对于合欢树等树冠为伞形的树，成型后只进行常规疏剪，通常不再进行短截修剪。

（四）作业与思考

（1）撰写桃花、龙爪槐或牡丹修剪的实习报告。

（2）思考园林景观中修剪与苗木修剪的异同。

（3）思考不同树种、不同环境下，各类短截方式的修剪反应。

实习八
园林树木市政灾害调查

一、概述

市政灾害指市政工程和建筑对树木的伤害。主要表现在土壤的填挖、地面铺装和土壤过度紧实、地下与空中管线的设置与维护、土壤侵入体、煤气的泄漏及化雪盐的处理等方面。

(一)填方和挖方

填方和挖方往往是同时发生的。修路、铺设或维修地下管线，开挖土层导致树木根系部分被切伤和折断、裸露而干枯，表层根系也易受夏季高温炙烤和冬季低温的伤害。土壤减少，挖出来的土又常常堆放在树体附近，根系与地面的水汽交流受阻，双重伤害对树木生长危害极大(图8-1)。

图 8-1 填方和挖方

1. 填方

在树木的生长地堆积过多的土方，致使树木生长处地表的土层加厚，树木根颈部分埋土过深，造成树木最终生长衰弱或死亡，为填方危害。填方堆积的土层阻滞了大气与土壤中气体的交换及水的正常运动，根系与根际微生物的功能因窒息而受到干扰。在此情况下，厌氧菌繁衍产生有毒物质，使树木根系中毒，中毒可能比缺氧窒息所造成的危害更大。填方也会影响土温度变化，对生长不利。填方可以通过设置通气系统来改善，如图 8-2 所示。

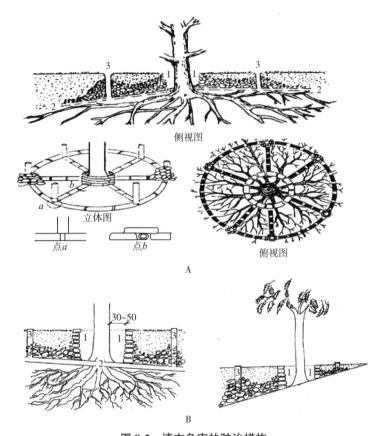

图 8-2 填方危害的防治措施

（引自《树木生态与养护》，A. Bernatzky，1987）

A. 平地 B. 坡地

1. 干井 2. 地下瓦管 3. 垂直管

2. 挖方

在树木根系生长处挖掘土方，减少根系赖以生存的土壤，并使根系受伤或切断，从而伤害树木根系，造成树势衰弱就是挖方造成的危害。

挖方不一定会对树木造成灾难性的影响，但因挖掉含有水分、营养和微生物的表土层，被挖掘的根系裸露而干枯，表层根系也易受夏季高温炙烤或冬季低温的伤害。挖方使根系被切伤和折断，或挖方引起的地下水位提高等都会破坏根系与土壤之间的平衡，降低

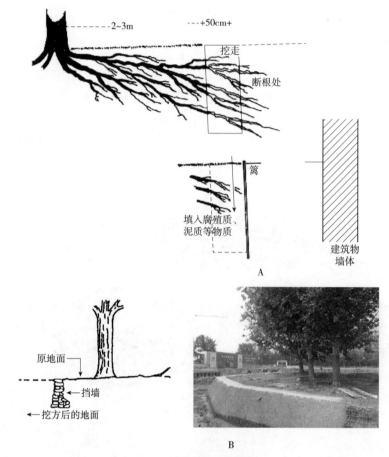

图8-3　挖方危害的防治

A. 在挖方处回填腐殖质等，并在远离树木主干一侧设置通气的帘子（图中标注为篱）

（引自《树木生态与养护》，陈自新、许慈安译，1987）

B. 挖方时保留土坎砌挡土墙［引自《园林树木栽培养护学》（第2版），郭学旺］

树木的稳定性。这种影响对浅根性树种更大，有时甚至会造成树木死亡。如果挖掉的土层较薄，仅几厘米或十几厘米，大多数树木受到的威胁不明显。如挖掉的土层较厚，就必须采取相应的措施，最大限度地减少挖方对树木根系的伤害，如图8-3所示。

(二)过度铺装与土壤紧实

1. 过度铺装

市政广场道路建设不可避免地会铺装地面，水泥、砖石和陶瓷砖等是常见的硬质铺装材料。现阶段广场、道路大面积铺装在园林景观中大量运用，有的铺装做得不合理也不得法。这种由于铺装影响植物生长产生的危害是较为常见的市政危害之一。

硬质铺装面积过大、铺装时预留树池过小、铺装材料透气透水性能不达标等影响土壤和地面水气交流，形成不透气、不透水的环境，对树木的生长影响较大，如图8-4所示。

图 8-4　过度铺装的危害

A. 未铺装(左)与铺装地面(右)的华山松　B. 铺装地面处风倒的树木

C、D. 生长不良的行道树　E、F. 根系生长受阻，路面破坏

(1)根系会因缺氧窒息，减少土壤中的微生物及其活动，使根系生长不良，吸收水分和营养的功能受阻，树木地上与地下的代谢平衡被破坏，树木生长势逐渐衰弱，最后死亡。

(2)减少了土壤中的微生物及其活动，破坏了树木地上与地下的代谢平衡，降低了树木的生长势，严重时树木逐渐死亡。

(3)树木表层根系和根颈附近的形成层很易遭受铺装地面反射的日光及极端高温或低温(冬季夜晚铺装地面的温度低于无铺装地面)的伤害。根据调查，在空旷铺装地段栽植的抹头树木，主干西面和南面的日灼现象明显高于一般未铺装的裸露地。铺装材料越密实，

图 8-5　减少铺装危害的措施

比热越小，颜色越浅，导热率越高，日灼危害越严重，甚至导致树木死亡。

（4）如果铺装材料过于厚实，树穴土壤紧实，根系生长的深度和广度受限，极易在灾害性气候下倾倒，危害公共安全。

可以通过设置通气透水的地面铺装或安置通气设施改善铺装地面的树木根系生长环境，如图 8-5 所示。

2. 土壤紧实

市政建设中的土壤紧实通常是由于人流践踏、车辆碾压、各类施工对地基的夯实以及长期积水等原因，土壤被压缩，造成土壤通气空隙减少、容重增大。人流的践踏和车辆的碾压等使绿地内土壤紧实度增加的现象经常发生。

土壤受压后，通气孔隙度减少，容重增加，当土壤容重超过 $1.5g/cm^3$ 时，土壤密实板结，树木的根系常生长畸形，并因得不到足够的氧气而使根系霉烂，树势衰弱，以致死亡。一般情况下，树木的根系在土壤容重低于 $1.5g/cm^3$ 时，生长才会正常。土壤容重 $1.14\sim1.26g/cm^3$ 对大多数植物比较适宜。长期铺装的地面，有条件时应定期更换，并进行松土、施肥等，以缓解土壤紧实对树木的危害(图8-6)。

在一定的外界压力下，组成土壤的颗粒粒径越小，体积变化越大，通气孔隙减少也越多。一般砾石受压时几乎无变化；砂性强的土壤变化也很小；壤土变化较大；变化最大的是黏土(表8-1)。

图8-6 定期更换铺装，缓解树穴内土壤紧实的危害

表8-1 土壤容重和土壤松紧度及孔隙度的关系

土壤松紧度	容重(g/cm³)	孔隙度(%)
最松	<1.00	>60
较松	1.00~1.14	56~60
适宜	1.14~1.26	52~56
稍紧	1.26~1.30	50~52
紧	>1.30	<50

市政工程与建筑工程在施工中将心土翻到上面，心土通气孔隙度很低，微生物的活动很差或根本没有。所以，在这样的土壤中树木生长不良或不能生长。此外施工中用压路机不断地压实土壤，会使土壤更紧实，孔隙度也更低。

(三) 土壤侵入体与煤气

1. 土壤侵入体
土层中由外界进入的与成土过程无关的外来物质称为土壤侵入体，它反映了土壤受人为影响的程度和人类活动的情况。园林绿地中，土壤侵入体通常包括 3 类：

（1）人为物质：建筑、市政和生活垃圾、金属物质等。

（2）生物遗存物：动物骨骼、植物根、软体动物的甲壳等岩石类。

（3）碎石、砾石等：一般是残存的土壤母质碎块。

有的土壤侵入体对树木有利无害，如少量的、体积不大且分散的石块、瓦砾、木块、砖头等，可增加土壤通气性，但土壤侵入体过大过多会减少土量，减少根系生长空间，阻碍根系伸长，也会影响土壤的透气、排水，往往造成树体营养不良或根系因积水烂根导致树木死亡；这类侵入体如老旧建筑、道路改造留下的残存地基、破损的路面，大的水泥混凝土块等，一旦发现，要及时清除；有的土壤侵入体对树木有利无害，如少量的、体积不大且分散的石块、瓦砾、木块、砖头等，还可以增加土壤透气性，但如果过多，土量减少会影响树木生长，要及时清除。

如果侵入体是含有石灰、水泥及其混合物的残渣，这类物质对树木生长有害，必须清理出去，一旦含量过多还需改良土壤。

2. 煤气

（1）危害：煤气轻微泄漏时，树木叶片逐渐发黄或脱落，枝梢逐渐枯死。大量或突然严重泄漏处的树木受害重，一夜之间几乎所有的叶片全部变黄，枝条枯死。如果不及时采取措施，受害部位将扩展到树干，树皮会变松，真菌侵入，危害症状加重。

（2）机理：天然气中泄漏的甲烷被土壤中的某些细菌氧化变成二氧化碳和水。细菌可使一个甲烷分子从土壤中吸收两个氧分子并放出二氧化碳（$CH_4+2O_2 \Longrightarrow CO_2+2H_2O$）。这就使树木土壤中氧气浓度降低、二氧化碳浓度增加，使厌氧菌活跃，厌氧菌分泌的有害物质积累导致树木死亡。泄漏的煤气沿着地下的各种管道（如地下电缆等）能传散到很远的距离，最后可扩散至没有管道的地方，使树木受害致死。1968—1972 年，荷兰每年因天然气泄露致死的街道树木高达 20% 以上。

被煤气污染过的土壤，其中氧气含量恢复到 12%～14% 时才能重新植树。不同质地或疏松程度的土壤的恢复时间有差异。砂质土中，泄漏的煤气管道修好后即可栽树。而其他类型的土壤常需要几年。

（3）减少煤气伤害的措施：立即修好渗漏的地方；同时尽快换掉树木离渗漏点最近一侧的土壤；也可以用空气压缩机以 700～1000kPa（7～10 个大气压）将空气压入 0.6～1.0m 土层内，持续 1h 可收到良好的效果。在危害严重的地方，以 50～60cm 间距打垂直透气孔或及时灌水冲走土壤中有毒物质；此外，受害后合理修剪、科学施肥可缓解减轻煤气的造成的伤害。

（四）污水与化雪盐

1. 污水的危害

城市内人们生活中排出的污水和工厂排出的废水，对树木的生长伤害极大。土壤中含盐分总量低于 0.1% 时树木才能正常生长，污水入土后会提高土壤盐碱含量，当土壤含盐量达到 0.3%～0.8%时根系难以吸收土壤中的水分，这时树木不但得不到水分补充，根部的水分反而会渗出，使树木生长不良或烂根、焦叶而死。20 世纪 60 年代，北京天坛公园树林中，有人搭帐篷居住，生活污水到处倾倒，结果污染了土壤，土壤中盐分增加，致使一些古柏受害甚至死亡。

2. 化雪盐(融雪剂)的危害

在北方，冬季路上的积雪被碾压结冰后会影响交通安全，所以常常用盐促进冰雪融化。化雪盐的主要成分是氯化钠、氯化钙、氯化镁、氯化钾等，其价格虽仅相当于醋酸钾类融雪剂的 1/10，但对公共基础设施的腐蚀严重。常见的融雪剂就属于这一类，使用最多的是工业食盐。

喷洒化雪盐(融雪剂)要控制喷洒量，一般化雪盐喷洒量在 $15～25g/m^2$ 即可，不要超过 $40g/m^2$。化雪盐喷洒一旦过量，对树木的影响将在次年春季完全显现，化雪盐融化后渗入土壤中，土壤溶液浓度升高，根系从土壤溶液中可吸收的水分就会减少。受盐危害的树木春天萌动晚、发芽迟、叶片变小、叶缘和叶片有棕褐色的枯斑，甚至脱落；秋季落叶早并枯梢，甚至整枝或整株死亡。过量的氯离子(Cl^-)和钠离子(Na^+)对树木的伤害往往要经过多年才能恢复。

2005 年初北京突降暴雪，仅 1 月 5 日和 2 月 15 日，北京市共使用融雪剂 4060t，融雪剂溶液 6400t；当年春季，城区因融雪剂所致枯死的行道树逾 9000 株，绿篱逾 85 万株，草坪 $30×10^4m^2$。大量树木和草坪枯死，触目惊心。

对盐敏感的树种有：松属、椴树属、七叶树属、柠檬、李、桃、杏、苹果等。

化雪盐(融雪剂)危害的防除措施如下：

(1)下雪后及时清除积雪，特别对重点道路、公交车站等的行道树加强看护，严禁融雪剂进入树池。

(2)安防挡雪板，在有树木生长的铺装地面，铺撒混入 1/10 氯化钠的沙石即可起到化雪防滑的作用(图 8-7)。

图 8-7　安装挡雪板(引自 www.tianjingreen.com)

（3）来年春季更换受污染的土壤，清理厚度在 10cm 以上。清理树池内的覆土后方可浇水。

（4）使用木醋液。木醋液是在烧制木炭过程中木材热解成分的冷凝回收液，呈弱酸性，为淡黄色至红褐色液体。木醋液有促进植物生长，提高产品品质的作用。常用作植物助长剂、有机肥和杀虫菌剂等使用。入冬前和开春土壤解冻时将原液稀释 200 倍，缓缓施入被污染的土壤。草坪灌溉深度不小于 15cm，乔灌木土壤不小于 30cm。

二、实习指导

（一）目的

（1）调查过度铺装对树木生长的影响，学会分析树木生长不良的原因与市政措施的关系。

（2）调查人流和车辆的碾压及市政工程措施对树木的影响。

（3）了解学校所在城市老城区土壤形成的特点及状况。

（4）调查冬季化雪盐或融雪剂对树木生长的影响。

（二）时间与地点

1. 时间

除化雪盐危害的调查需在冬季和树木生长季进行外，其他的调查在树木生长季进行。在有条件时可灵活安排。

2. 地点

大型铺装广场，有铺装的道路，人流和车流密集处，居民区，有市政施工的道路、广场、社区及工矿企业等。如北京市可选择天安门广场、毛主席纪念堂周围、东西长安街两侧、故宫、大型商场、北京动物园等人流量较大的地方。

（三）内容与操作方法

（1）在调查点（如天安门广场、毛主席纪念堂周围等铺装面积较大的地方、城市主干道等）观察生长不良的树木，记录其表现及树池面积、周围地面的铺装面积及铺装材料。可在 7 月调查北京中关村地区作为行道树的银杏，统计黄叶枯枝的发生率，并与公园绿地内生长正常的银杏对比，分析其原因。

（2）在调查点（如北京动物园、故宫等人流量较大地方）观察生长不良的树木，记录其表现及土壤紧实度状况、树池面积、路面铺装材料等。在有代表性的地段，挖沟或利用施工的机会观察树木生长地土壤紧实的状况与根系分布情况。

（3）调查建筑工地、市政管网铺设处填方与挖方对树木根系的伤害及对树木生长的影响。

（4）在拆迁改造的老城区，观察土壤侵入体的种类、在土壤中的分布和大致数量，分析其对树木生长可能产生的影响。

（5）冬季大雪后，调查融雪剂使用、挡雪板设置的情况，来年春季调查使用地点树木的生长状况。

(四)思考与作业

（1）用图示和文字说明市政危害的种类、树木受害表现后的表现。

（2）分析市政危害产生的原因。

（3）针对市政危害产生的原因提出解决方法。

实习九
公共绿地中园林树木
安全性调查

一、概述

(一)危险性树木及其表现

1. 定义

(1)危险性树木：城乡园林绿地中由于树体结构、根系异常或其他原因导致有可能危及人身、财产及交通等安全的树木称作危险性树木(hazardous tree)。旷野或野外无人区生长的树木，即使结构异常，如果不会危及人身或财产安全，一般不视作危险性树木。

(2)危及目标：指危险性树木可能危及的目标或树木可能带来的危险因素。

①危及目标所在地的建筑、人流密集的公园、城市街道、人流、车辆、广场、交通、路面及地下设施等。

②树木生长位置等因素可能带来危险，如道口和拐弯处的绿篱、花灌木、过大的树冠或向路中伸展的枝叶可能阻碍司机视线；行道树的枝下高不符合要求，刮擦车辆或影响人流，树木发达的根系对地下管线和建筑基础造成威胁。

2. 表现

(1)树体：

①偏冠　树木长期遭受外力，如处于风口或受临近建筑、墙体等过近、整形修剪的需要等原因，出现树冠重心偏离，导致树体不稳(图9-1)。

偏冠使树冠一侧的枝叶多于其他方向、树冠不平衡，这种情况下为适应外界的应力条件，树干木质部纤维呈螺旋状生长，树干上可见螺旋状的扭曲纹。一旦受到反方向作用力(如与螺旋方向相反的暴风等)，树干易沿螺旋扭曲纹产生裂口，裂口如未能及时愈合则成为真菌感染的入口。

②树干倾斜(偏干)　当树干的倾斜角度大于40°时为偏干(图9-2)。

图 9-1　偏冠　　　　　　　　　　　图 9-2　偏干及其支撑

如果生长过程中树体已经适应了树干倾斜的状态，那么倒伏的危险性要小于那些原本直立、后期才倾斜的树木。树干倾斜越来越大时，倾斜方一侧的树皮会褶皱，对应一侧的树皮会脱落形成伤口。对阔叶树种来说，一般与树干倾斜方向相对应的另一侧的地下根系（尤其是较长的根）会像缆绳一样拉住倾斜的树体，而针叶树种则不同，与树干倾斜方向同侧的一根系，起着类似支撑的作用，"顶"着倾斜的树干。一旦这些起着"牵拉"或"支撑"作用的根发生问题，或受到来自与树干倾斜的方向相同的暴风袭击，树木极易倾倒。在人流较多或重要的地方，这样的树木一定要采取必要的措施处理。

③枝上"树"　指弯曲近平伸的枝干上着生的直立或近直立的枝条（即背上枝，水平或斜生枝轴背上部的枝条）。背上枝由枝条的背上芽生长形成，或由直立枝上着生的内侧枝经水平拉枝后形成。随着背上枝上的分枝增多、枝叶重量加大，其着生的大枝承受的重力逐渐加大，与主干结合处易劈裂（图 9-3）。

将逐渐形成枝上"树"

枝上"树"

图 9-3　枝上"树"

（2）枝条：只有当主干的直径大于侧枝的直径时，主干的木质部才能围绕侧枝生长形成高强度的连接（图 9-4）。相邻的枝条粗度接近且枝条夹角过小，枝条连接处腐朽、大枝过长且近平展，前端枝叶过多以及病虫危害的枝条和较粗的枯枝等，一旦受外力影响坠落，都有可能造成危害。枯枝直径大于 5cm 时，脱落后容易造成严重伤害。

①枯枝　对明显可见的枯枝，要及时清除。

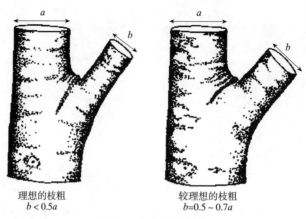

理想的枝粗　　　　　较理想的枝粗
b < 0.5a　　　　　b = 0.5～0.7a

图 9-4　理想的枝粗比

②V 形分叉　树枝之间夹角过小，增粗生长过程中，树皮被夹嵌在两者之间形成内嵌树皮(inculuded barks)。内嵌皮部位成为树体在外力作用下的薄弱一环。这种情形也常称V 形分叉(图 9-5A)。

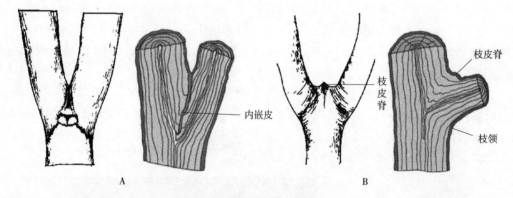

图 9-5　V 形分叉和 U 形分叉

A.V 形分叉　B.U 形分叉

当树木具有双主干，两主干夹角过小，在加粗生长过程中逐渐相连，相连处形成内嵌树皮，其木质部的年轮组织只有一部分相连，结果在两端形成突起，使树干成为椭圆状、橄榄状，随着直径生长这两个主干交叉的外侧树皮出现褶皱，然后交叉的连接处产生劈裂，这类情况危险性极大，必须采取修补措施来加固。

U 形分叉是稳定的分枝结构，原因在于是两个分枝间形成整体相连的木质部，在外观可见凸起的枝皮脊的结构(branch bark ridge, BBR)(图 9-5B)。枝皮脊是区别 V 形分叉和U 形分叉的依据。

③截干萌条　截干后生长的萌蘖枝，多由潜伏芽受刺激后萌生，由于树干养分积累充足，萌蘖枝生长旺盛，树干的直径增长明显滞后于萌蘖枝加粗的速度，两者相连处，萌蘖枝基部肿胀，并发生树皮夹嵌现象，树皮易开裂(图 9-6A)。与自然分枝的侧枝相比，萌蘖枝与主干连接较弱；而萌蘖枝生长快，木质部的强度低；当萌蘖枝重量增大到主枝难以承受时，一旦遇到较强的外力或截干处腐朽，极易折断(图 9-6A、B)。另外，截干育苗的截口附近萌发的萌蘖枝较多，而出于大苗的需要，萌发后 1～2 年内很少疏枝，易形成近轮生或簇生

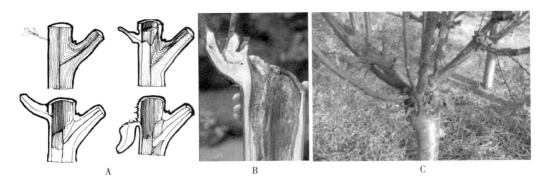

图 9-6　截干育苗的危害

A、B. 截干萌条　C. 截干后形成簇生状的树冠

状的树冠(图 9-6C)，萌蘖枝间易形成内嵌皮；也有的截干苗一级侧枝的直径与主干直径相近，且几乎着生在主干的同一位置。这样的树体结构枝条结合十分薄弱，易发生折损。

(3)树干：

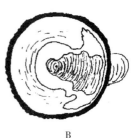

①干腐　真菌入侵树干、树枝，导致树干周围的树皮、形成层以及木材部坏死，也称为溃疡(canker)(图 9-7)。干腐程度较轻时，周围健康的木质部和树皮仍在生长，会逐渐包围干腐的凹陷处，但当树干的腐朽面积过大、过深就会严重影响树木生长，表现为树体衰弱；由于溃疡部位的木质部逐渐死亡、树干失去韧性，因此容易在此处折断。另外，干腐造成的伤口

图 9-7　干腐

A. 纵剖面　B. 横切面

又容易感染木材腐朽真菌，造成树干的深处进一步腐朽。树干或树干基部的腐朽可以通过木锤敲击判断大致位置；并可用钢棒以 45°角插入腐朽处，判断腐朽的程度。

②干裂

劈裂　树干上的纵向裂纹，如果只是树皮开裂或开裂较浅，对树干强度影响较小。但大风时，树干的晃动往往会使树干的裂纹进一步加剧。劈裂最严重的表现是劈裂处的树干被一分为二，树势严重衰弱并发生折损(图 9-8)。

内卷　当主干或大枝开裂，而裂口处又没有愈合时，裂口两边的树皮和内部组织逐渐向内靠拢，形成内卷的结构，因横截面形状类似羊角，故又名羊角沟(图 9-9)。当内卷比较严重的时候，会引起所在部位的木质部腐烂、中空或树皮的二次开裂。

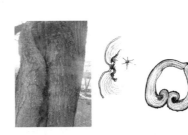

图 9-8　劈裂　　　　　　　　　　图 9-9　内卷

凸起的肋脊　树干出现纵向延长裂纹后，逐渐形成肋状隆起的棱脊或板根状的外突。产生的原因：由于树干内部产生裂纹（如树干横断面出现纵裂），裂纹两端对应的树干外侧逐渐形成肋状隆起的脊，如果裂纹不断扩大，外侧的肋脊也会在表面不断外突，逐渐在树干表面扩大成类似板根的形状（图9-10A）。如果树干本身的修复能力较强，内部的裂纹被今后生长的年轮包围、封闭（图9-10B），则树体较为安全，表现为外突程度小且近圆形。但如果树干内部的裂纹未能及时修复，则肋脊外突明显，且最外突的部位出现纵向的条状裂口，最终树干可能纵向劈裂成两半。这时树体较为危险（图9-10）。可用木锤敲击辅助判断。

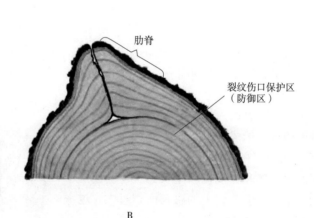

肋脊

裂纹伤口保护区
（防御区）

A

B

图9-10　某公园的白玉兰树干凸起的肋脊
A. 外观　B. 截面

（4）根系和根颈：

①根系暴露　大树的粗壮侧根和主根若长期裸露于地表，树木的根系固着力和生长势都下降，对周围环境的潜在危险性较大。在树干基部附近挖方、种植地土层过浅、土壤含水量过高或水土严重流失的立地环境中的大树易发生这类危害。土层较浅的立地环境不宜栽植大乔木，如果不得不栽植，要通过修剪控制树木的高度和冠幅。

②根缠绕（stem girdling root）　一至多个较粗的根缠绕在根颈或主干基部的现象，又叫根束环。导致根缠绕的常见原因有：容器育苗时容器中的根系缠绕在根颈或栽植穴过小，栽植时人为地将侧根盘成环；种植土壤过于紧实或种植穴附近地面过度铺装，侧根无法伸展，造成侧根围绕主根生长等。环绕的根系会伤害根颈部位生长，引起树势逐渐减弱，当基部因缠绕受害的部分超过40%时，树干容易在暴风雨中风倾倒。

根缠绕的潜在危害性大，栽植时或栽后2～3年及时检查就可避免。应该注意的是：容器苗，特别是长时间在容器中栽植者易出现这种情况。

③根系分布不均匀　正常情况下，树木根系的分布范围一般与树冠相对应，但如果长期受来自同一个方向的外力，那么受力一侧的根系会较长且密度大。如果这一侧的根系受到损伤，树木的危险性就会加大。另外，因筑路、取土、护坡等破坏的树木根系，如果几乎50%被切断或裸露，常常造成树木倾倒。

保证树木稳定性和根系健康生长的分布半径，指保证树体稳定及健康生长的必需的根系范围。这一圆周范围内根系的生长状况对树木的稳定性和生长至关重要，常常大于树冠的垂直投影面积(图9-11)。

(二)影响树木安全性的因素

树木可能存在的潜在危险取决于树种、树龄、生长位置、立地特点等，对这些因子有充分的了解，就能够知道应该注意哪些问题，并及时避免不必要的损失。

1. 树种

(1)速生树种木质部强度较低，即使在幼龄阶段也容易损伤或断裂，有的树种髓心比例大，如泡桐、复叶槭、薄壳山核桃等，枝干的强度差。

(2)一般情况下，树冠开展，侧枝较长的树种较树冠相对较小的树种，树枝易负重过度、损伤或断裂；阔叶树的树干心腐较易向主枝蔓延。喜光的阔叶树种因强趋光性易形成偏冠；针叶树种的根系及根颈部位较弱，但树干的心腐一般不易向主枝延伸。

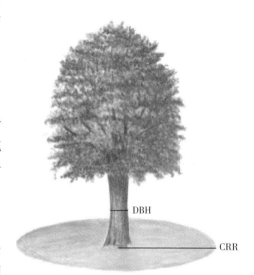

图9-11　树木根系生长最适范围临界值

(引自 *Urban Tree Risk Management*：*A Community Guide to Program Design and Implementation*，J. D. Pokorny，1992)

(CRR：树木根系生长最适范围临界值；

$$CRR = 18 \cdot DBH$$)

2. 树体的大小和树龄

一般大树、老树的安全性比小树和幼树差，老树不易适应生长环境的改变，发生腐朽、受病菌感染的机会就多。树势生长过于旺盛的树木因承受的重量大，受伤、折断的机会要高于生长较弱的树木。

3. 树木培育与养护过程的不当处理

树木栽培与养护过程中的各个环节，同样是致使树木受损、造成隐患的重要因素。

树木培育过程中：

(1)苗圃育苗中，不及早支撑树干，待树干弯曲或折断后由萌蘖枝代替原来的主干，这些苗木出圃时，树干的应力分布不均匀，构成隐患的可能性大。

(2)容器育苗或种植穴外土壤紧实，树木栽种方法不当，造成根系环绕，是风倒的主要原因之一。

(3)截干育苗发育的大苗，截口下萌发的侧枝间距离近，与主干的连接牢固性差，易发生劈裂。

养护管理中：

(1)修剪不当，如过度修剪造成不必要的伤口，如果不能很好地愈合则会增加感染病菌的机会而腐朽；疏剪树冠内部的枝条后，使树冠失去平衡。

（2）灌溉不当，如对耐干旱的树木灌溉过多，容易造成根系感病及腐烂。

（3）未及时开展病虫害防治，致使树木生长衰退、引发腐朽真菌的侵入造成树干腐朽等。

4. 立地环境

应考虑的立地环境因素包括：

（1）气候因素：主要是异常的天气，如大风、暴雨的出现频度，季节性的降雨分布、集中程度、冰雪积压等。暴风雨特别是台风通常是造成树木威胁城市居民生命财产安全的主要因素之一。冰雪积压可以使树枝的负重超过正常条件的 30 倍，因此常是冬季树枝折断的主要原因。

（2）栽植地土壤：生长在土层浅，土壤干燥、黏重、排水不良、过度铺装等立地条件下的树木，易引发由于树体结构、主干、根系发育不良等带来的安全性降低现象。

（3）树木生长立地环境的改变：如树木生长立地条件的变化，特别是根系部位的挖方和填方易导致树木安全性降低。

（三）树木可能伤害的目标及安全性评估

树木可能危及的目标包括人身、交通和道路安全等，以人身安全最为重要。在人群活动频繁处的树木是首先要认真检查与评测的，另外要检查建筑、地表铺装、地下部分的基础设施等。

城市行业管理部门应该设立树木的安全性检查制度，进行定期检查与及时处理，我国在这方面还没有明确的规定，常在危险发生后被动地应对，如落枝伤人甚至致人死亡的情况。有些国家则制定了具体的要求，如美国林务局要求每年检查一次，最好是每年 2 次，分别在夏季和冬季进行；美国加州规定每 2 年 1 次，常绿树种春季检查，落叶树种在落叶以后检查。建议我国城市绿化管理部门将树木安全检查作为日常的工作内容之一，提高城市园林树木的栽培和养护水平，将树木安全性隐患降到最低。

二、实习指导

（一）目的

（1）了解危险性树木的表现形式、危及目标。
（2）学会分析危险性树木产生的可能原因。
（3）掌握解除或降低树木危险性的措施。

(二)时间和地点

1. 时间
春季或夏季，可安排在 4~6 月进行。

2. 地点
植物园、校园、公园等公共绿地。

(三)材料与用具

1. 材料
有潜在危险的乔木。

2. 用具
木锤、钢棒(可用加长螺丝刀代替)、软尺或钢卷尺、笔、笔记本、数码相机。

(四)内容与操作方法

(1)设计调查表，表中应包括树种，位置，调查时间及树体、枝条、树干、根颈和根系 4 个部分观察的内容、可能危及的目标及判断结果、建议采取的措施。
(2)在调查的区域中，寻找具安全性隐患的树木及可能危及的目标。
(3)调查具安全性隐患树木的危险性表现，并拍照、进行初步判断。
(4)调查危险性树木的立地环境，分析其可能的原因，并建议今后采取的措施。

(五)作业与思考

(1)按照实习内容的要求整理调查结果，填写调查表，并对其中出现频率较高的 2~3 种潜在危险提出解决措施。
(2)思考具安全隐患树木的预防措施及方法。
(3)分析树木危险性的影响因子。
(4)思考评估公共绿地中树木的安全性的方法。

实习十
古树名木复壮及养护管理

一、概述

(一)古树名木的养护和复壮措施

1. 养护措施

(1)设围栏、护墙等:在人流密集易受践踏、主干易受破坏的古树周围应设置围栏,围栏要安全牢固;高度不低于1.2m,与树干的距离应不小于3m,无法达到3m时以人摸不到树干为最低要求;围栏要与古树名木的周边景观相协调,可结合围栏普及古树保护的法律法规和相关知识。

乡间古树若生长在坡地,应砌石墙护坡,填土护根预防水土流失;河道、水系边的古树名木,应根据周边环境用石驳、木桩等进行护岸加固,保护根系。

(2)树体加固:古树出现树体明显倾斜或主枝中空、大枝下垂等现象,易遭风折、雪折危害,应使用硬支撑、拉纤等方法支撑、加固;树体上有劈裂或树冠上有断裂隐患的大分枝可采用螺纹杆、铁箍等方法进行加固。支撑、加固材料应经过防腐蚀保护处理。加固材料和树体间要有垫层(图10-1)。

A

B

图10-1　树体加固措施

A. 树箍　B. 牵拉

（3）立支架、做支撑：树冠失衡、树体倾斜或大枝下垂的古树需要支撑。根据树体倾斜程度与枝条下垂程度的不同，可采用单支柱支撑或双支柱支撑。支撑时，若下垂枝条较多，可用棚架式支撑，如北京故宫御花园内的龙爪槐，故宫皇极门内的古松均采用了棚架式。支柱可以用金属、木材等材料，注意与周围环境协调，或将支柱仿制成古树主干，还可以在需要架设支撑的地方移植同种树木做支撑，如我国台湾古凤凰木的支撑和北京植物园古槐树的支撑（图10-2）。

A

图10-2 古树的支撑
A.金属材料支架（台湾古凤凰木）
B.古槐树支撑（北京植物园内，栽植同种植物）

B

（4）补树洞：

①树洞的分类 根据树洞的着生位置及程度，可分为5类（图10-3）。

朝天洞 洞口朝上或洞口与主干的夹角大于120°。

夹缝洞 树洞的位置处于主干或树干分叉点。

侧洞 洞口平面与地面基本垂直，多见于主干。

落地洞 靠近地面，又分为对穿与非对穿两种形式。

通干洞 有两个以上洞口，洞内木质部腐烂相通，只剩下韧皮部及少量木质部，又称对穿洞。

根据树洞产生的原因及时处理，以防树洞进一步扩大，导致树势衰弱。修补树洞成本较高，如果树体衰弱的原因与树洞有关，可以考虑补树洞，如果树洞不是主要诱因，可以不补，定期检查、防腐防虫即可。

②修补树洞的步骤

树洞内的清腐 刮除洞内朽木，尽可能地将腐烂的木质部全部清除，不能伤及健康的

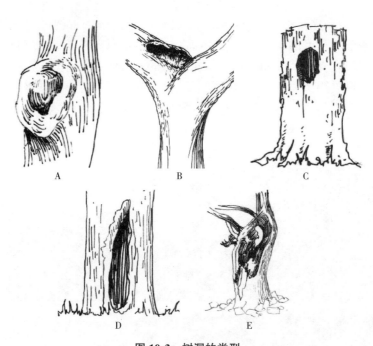

图 10-3　树洞的类型

A. 朝天洞　B. 夹缝洞　C. 侧洞　D. 落地洞　E. 通干洞

木质部。

杀菌、消毒　用广谱、内吸性的药剂喷涂树洞内壁，药液晾干后用杀菌剂杀灭树洞内的真菌、细菌等。1d 后用愈伤涂膜剂对伤口全面涂抹，防止病虫的侵入，促进愈伤组织的再生。

填充补洞　树洞填充的关键是填充材料的选择。填充材料以中性为好，且填充材料的收缩性与古树木质部大致一致且亲和。常用的有聚胺酯发泡剂、尿醛树脂发泡剂，封口材料有玻璃钢(玻璃纤维和酚醛树脂)等。

刮削洞口树皮　树洞填完后将树洞周围一圈的老皮和腐烂的皮刮掉，至显出新生组织为止，然后将愈伤涂膜剂直接涂抹于伤口，促新皮的产生。

树洞外表修饰及仿真处理　树洞修补应遵循"修旧如旧"原则。注意预防洞口边缘积水，修补完的树洞尽量保持原貌。朝天洞修补面中间要略高于周边，不能积水；非对穿形式的落地洞修补时不得伤根；通干洞、侧洞、对穿的落地洞一般不修补，只做防腐处理，定期检查，及时清腐、排水；而夹缝洞应及时修补。

为及时排除树洞内积水或降低因降雨导致洞内湿度增高，可在补好的树洞内设置上下管径不一的通风道，有效地促进洞内空气流动(图 10-4)。

(5)枝条整理和修剪：古树修剪要保持原有树形，以清除枯枝、病弱枝及有安全隐患的树枝为主。能体现古树自然风貌的枯枝在加固、防腐、消除安全隐患后予以保留。及时疏花疏除幼果，幼果成熟过程中会消耗树体的大量营养，摘除幼果，有利古树树势恢复，特别是古松。

(6)病虫害防治：以预防为主，经常观察，及时防治。

(7)设避雷针：孤立的古树可在树体上设避雷针，避雷针要高于树体。古树林可以设

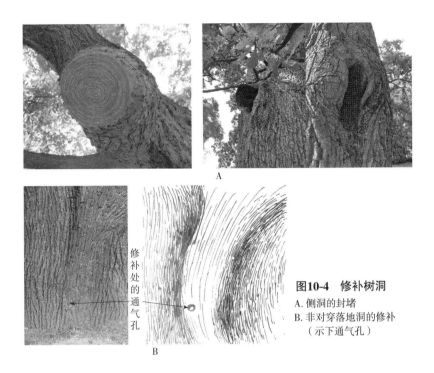

修补处的通气孔

图10-4　修补树洞

A. 侧洞的封堵

B. 非对穿落地洞的修补

（示下通气孔）

置避雷塔。对遭受雷击的古树要及时处理。

（8）树体喷水：一些古树的叶片截留灰尘极多，既影响光合作用，也影响观赏效果。可在树旁设置高喷，既可清洗灰尘保持树体清洁，夏季还可降低树体周围温度，增加湿度（图10-5）。

（9）透气铺装：古树周围如果要做铺装，应选择通气透水的材料，且至少在基部留3m×3m的树堰。可以选用倒梯形的铺装砖，砖缝间用细沙填满，而不用非透水透气的水泥、石灰等勾缝。如北海团城古树的地面铺装（图10-6）。

喷水管

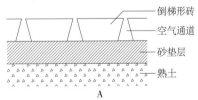

倒梯形砖

空气通道

砂垫层

熟土

A

B

图 10-5　北海公园古树的高喷设施

图 10-6　北海团城上的透气铺装

A. 剖面图　B. 倒梯形砖

图10-7 去除古松上的幼果及枯果

（10）摘除幼果及枯果：及时去除古树上的幼果及去年、前年未除尽的枯果(图10-7)。

2. 复壮措施

掌握导致古树衰老的原因是古树复壮的基础。先调查综合分析古树周围环境(土壤、大气、营养、病虫害等)、当地的自然灾害及日常养护状况等，必要时可结合仪器检测以做出科学的判断，在此基础上制订技术方案。古树复壮是和养护密不可分的综合性技术措施。复壮技术主要有：

（1）复壮沟：促进古树根系恢复，促发大量新生的吸收根。通常设在树冠垂直投影内侧。

挖沟之前要先探明古树根系分布的范围。沟的长度、深度、宽度和形状根据根系分布范围而定，常用弧形沟或辐射状沟。沟内分层回填树枝和混合土：沟底部先垫20cm厚粗沙(或陶粒、砾石)；其上交错铺10cm厚树枝和20cm厚腐叶土各1~2层，最上一层为10cm厚的素土(图10-8)。

复壮沟内还可埋设直立的通气管，用直径10~15cm的硬塑料管打孔包棕，也可用外径15cm的塑笼式通气管外包无纺布，以防堵塞管壁通气孔。通气管深度与沟深基本一致，管口加带孔的铁箅盖，下端与复壮沟内的树枝层相连，既便于通气、施肥、灌水，又不会堵塞。一株古树可设2~4根通气管，通过通气管可给古树浇灌水肥及杀虫杀菌剂(图10-9、图10-10)。

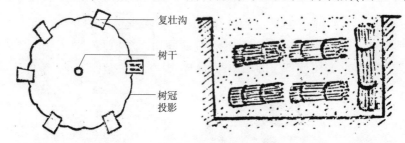

图10-8 放射状复壮沟，示埋条促根(引自北京潭柘寺管理处内部资料)

图10-9 潭柘寺大门处古油松(示复壮沟埋条促根及通气管孔，通气孔可用于浇灌)

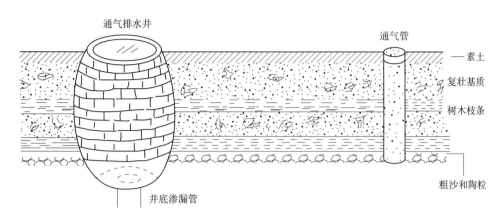

图 10-10 复壮沟通气—透水系统(引自《园林树木栽培养护学》,郭学望等,2002)

为防止复壮沟内积水,沟的一端或中间设置渗水井,井比复壮沟深30~50cm,并与排水系统相连,井用砖堆砌,但不用水泥黏合,井口加带孔的铁盖。井可以向四周渗水,因而可保证古树根系分布层内无积水。雨季水多时,水如不能尽快渗走,可用水泵抽出。井底有时还需向下埋设80~100cm的渗漏管。

为了防止复壮沟处的土壤被踏实,可在其上铺透气梯形砖,砖与砖之间不勾缝,留出通气道,下面用石灰砂浆衬砌。同时还可以在其上面种植草花或铺草皮,并围上栏杆禁止游人践踏;也可以铺嵌草砖或铁算子。

(2)复渗引根技术(图10-11,专利申请号CN201120417476),由一个大管和其中的U形PE连通管构成,U形管的两根侧管直径不同,且大管和U形管的壁上开设多个通气孔。管内填充富含有机物、容重1.2左右的基质。整套装置称为复合渗水透气装置。管的长度(埋设的深度)通常为70~200cm(图10-11)。

此装置放置于古树树冠投影内。可改善周围$2m^2$古树木根部土壤的通气和营养条件,可有效促进新根的发生,恢复或增强古树生长势,还可以在大管和U形管中施用内吸性化学药剂,有效控制全株植物病虫害。每2~3年将整套装置拉出再放回,人为断根可刺激更多新根生长。

图 10-11 复渗引根技术

(3)换土和土壤翻晒:

①应用条件 古树生长时间较长,地下根系盘根错节,为避免损伤根系,一般不进行换土。只有树木生长及其衰弱,土壤理化性质恶劣时采用。北京故宫曾用换土的办法抢救濒危的古树。

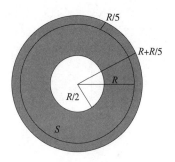

图 10-12　单株古树换土面积示意图
(引自《古树名木复壮养护技术和保护管理办法》全国绿化委员会办公室, 2013)

②时间　换土一般在秋冬季节结合施肥进行。

③做法　换土切忌一次换完, 需 3~4 年按比例逐渐换土。换土量要根据古树多数吸收根分布范围的面积和深度确定。单株古树换土面积的公式为:

$$S = \pi(R+R/5)^2 - \pi(R/2)^2$$

式中, S 表示换土面积; R 表示树冠半径; $R/5$ 表示树冠外延宽度 (图 10-12)。

④方式及规格　根据树冠大小和地下根系分布空间的范围, 选择挖辐射沟或穴的方式。单株古树每年挖沟或坑 4~8 个, 沟长 80cm, 宽 50cm, 深 80cm, 坑长、宽各 60cm, 深 80cm。

⑤具体方法　地面清除干净, 按设计挖出旧土, 更换相同体积营养土, 整平踏实, 略高于原表土。挖掘中随时用浸湿的草袋子包裹保护暴露出来的根系, 更换的营养土配方要在古树土壤调查结果基础上添加合适的基质, 如回填均匀混合的干净旧土、新鲜客土、5%腐叶土、1%~2%腐熟有机肥和适量发酵锯末。

对生长在排水不良地域的古树换土时, 要根据现地积水和地形条件, 采取地表明沟或地下埋管等措施解决土壤排水问题, 地表明沟依次回填大卵石、填碎石、粗沙、无纺布、细沙, 最后用土填平。

对换土面积较大的古树可也挖较深 (可达 4m) 的排水盲沟, 沟内最下层填大卵石, 中层填碎石和粗沙, 上面以细沙和园土填平, 以利排水。故宫里凡是经过以上方法换土的古松, 长势均较好。

如果古树的衰老是由于冷季型草坪养护时水分过多导致土壤通气不良而引起的, 可以将树冠投影下面的草坪移走。先移走 20cm 表土, 顺着古树主根深挖, 翻晒挖出的湿土, 期间注意挖开树穴的保湿、防雨, 4~7d 后将原土加入等量松针土、与 50~100 倍的细土拌匀的杀菌剂, 一起回填到树穴内。可选择耐阴耐旱的地被植物代替冷季型草。

⑥嫁接更新　常用多点靠接法嫁接幼树 (图 10-13), 如北京潭柘寺内的古二乔玉兰, 因树洞填补不善长势衰弱, 采用在树洞上方靠接幼树的方法, 树木的长势恢复后, 年年繁花似锦。

靠接时首先选择同属, 最好是同种的实生幼树 2~3 株或更多, 栽植在古树主干周围, 除去侧枝; 再将古树主干或主枝需要靠接部位的表皮除去, 露出形成层, 幼树与之相对的部位也削去等面积部分, 将二者形成层紧密结合, 扎紧绑严; 成活后, 幼树强壮的根系吸收的营养可供给古树利用, 待古树树势恢复后可剪去幼树的枝梢。对树冠严重缺失而根系尚好的古树, 可利用其幼树上部萌发的新枝形成新的树冠。采用类似的方法, 山东省莱芜市寨里镇对古银杏换根、济南市章丘区白云湖石坞村对古槐树换冠, 使古树重新焕发了生机。

此外山东省乳山市大孤山镇利用倒插皮技术将古银杏根系和实生银杏幼树根系嫁接, 复壮古银杏, 也取得了良好效果。

嫁接部位

A   B

图 10-13 嫁接复壮

A. 潭柘寺内的嫁接复壮二乔玉兰 B. 山东泰安嫁接复壮古银杏

二、实习指导

(一) 目的

(1) 掌握古树名木的定义和等级划分。

(2) 掌握古树生长的特点，学会分析古树衰老的原因。

(3) 掌握古树名木的养护管理和主要的复壮技术。

(二) 时间和地点

1. 时间

古树生长期。

2. 地点

有古树的公园或寺庙等地选一处即可。

(三) 材料与用具

笔、笔记本、相机。

(四) 内容与操作方法

(1) 调查古树树种及保护等级。

(2) 分析古树生长特点和衰老原因。

(3) 调查古树日常养护管理措施。

(4) 调查古树的主要复壮措施。

(五) 作业与思考

(1) 汇总调查数据，填写实习地点古树名木汇总表。

(2) 总结古树生长特点，分析、思考衰老原因。

(3) 总结实习地点古树日常养护管理措施。

(4) 总结实习地点古树的主要复壮措施。

实习十一
专类园中主栽树木养护管理调查

一、概述

(一)专类园概况

专类园是在一定范围内种植同一类观赏植物供观赏、科学研究及科普教育的园地。在植物界中,有些植物的变种和品种非常丰富,如果集中栽植能够充分展示出其特殊的观赏效果,使游人充分欣赏其美丽的色彩和别致的姿态及其他观赏特性。由于其生态习性、观赏期、栽培养护条件等比较近似而便于养护管理,同时又可以表现出一定的地方特色。

北京植物园位于西山脚下,1956 年经国务院批准建立,规划面积 400hm²,以收集、展示和保存我国华北、东北、西北地区的植物资源为主,兼顾部分华中、华南、亚热带观赏植物。集科学研究、科学普及和观赏游览功能为一体,既有科学的内容,又有园林的外貌。按照"因地制宜、借势建园、突出植物造景"的原则,植物园现已建成开放区逾 200hm²,由植物展览区、名胜古迹游览区和自然保护区组成。植物展览区包括观赏植物区、树木园、盆景园、温室花卉区。观赏植物区由牡丹园、芍药园、月季园、丁香园、碧桃园、海棠枸子园、木兰园、集秀园(竹园)、绚秋园、宿根花卉园、水生植物园和正在筹建中的梅园等十几个专类园组成(图 11-1)。各园风格迥异,各具特色。各个专类园内树木葱郁、百花争妍,造型生动的雕塑、别致小巧的亭阁掩映在红花绿树丛中。

(二)专类园中主栽植物的养护管理情况

1. 月季园(以北京植物园月季园为例)

月季园是以蔷薇科蔷薇属的植物为主要植物材料构成的专类园,以丰富的色彩、三季开花不断的美景和丰富的科普知识吸引游人。为了能够达到很好的观赏效果,北京植物园的月季园在选址和品种的选择及植物配置等方面都进行了全面考虑、周密设计,还依据月季的生物学特性和生态习性进行细致的养护管理。

月季园位于植物园东部南端,南临香颐路,北靠杨柳区,西至植物园南门,东到植物

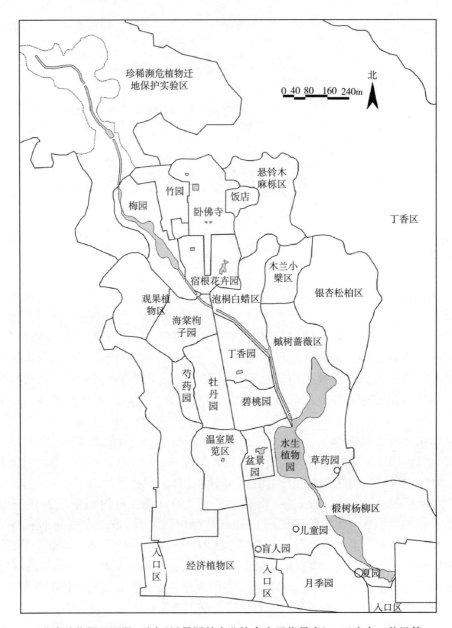

图 11-1 北京植物园平面图(引自《风景园林专业综合实习指导书》，于晓南、魏民等，2016)

园东南门，总面积 7hm²，建于 1993 年 5 月。分南北两部分，北边采用沉床式设计，轴线布局严整，中部有音乐广场。广场为沉床的底部、圆形，直径 40m，面积 1256m²，中间有隐藏式的喷泉和跌水，喷水高达 7m。沉床落差 5m，上宽下窄，以 3 层月季花图案铺装的缓坡台地式花环，逐渐向底部过渡；3 层最大直径 90m，面积 5102.5m²，沉床周边是以疏林草地为基调的赏花区，边缘布置有别致的花架，其上爬满了藤本月季，形成很好的垂直绿化效果。南边采用自然式布置，根据地形起伏，自然地遍植杂种茶香月季和微型月季及各种玫瑰。月季园植物配置注意整体效果，在轴线上建有月季园主景雕塑——花魂。月季园除展示各种月季资源外，还配置有新优植物等。

月季非常喜肥，所以栽培月季一定注意施肥。水分是月季生长发育所必需的，在日常养护时，应该掌握好浇水的时间和用量。浇水要一次浇透，使水分能充分深入根际周围，但又不要淤积。待土壤稍干后进行松土；土壤干后再次进行浇水，两次浇水的时间间隔因气候条件、日照情况、植株长势及土壤性质不同而异，应根据实际情况酌情处理，不可硬性决定。

月季在进入冬季休眠前一定要进行一次修剪，此次修剪在北京地区是在 11 月上中旬防寒之前进行。首先要检查植株，若为嫁接苗应同时剪除砧木上的不定芽和根蘖。然后根据植株健壮程度和年龄大小确定留主枝的数目，一般留主枝 3~7 个。如果需要去掉主枝，则要根据全株枝条分布的疏密情况，适当将枝密的部位剪去。当主枝数确定后，对全株进行修剪，一般每个枝条留 2~3 个芽。剪口芽的方向，直立型品种应尽量选留外芽，但务必将剪口附近的向上芽抹除，以免产生竞争枝，破坏株形，以获得较为开张的树形，有利于通风透光；开张型品种的剪口芽宜留里芽，使新枝长得直立，株形紧凑。

在同一主枝上，往往同时存在几个侧枝，在冬剪时，要注意各枝间的主从关系。侧枝剪留长度，自下而上逐个缩短，彼此占有适宜空间。这样，整个植株开花有高有低，上下错落，富于立体感。

修剪的切口应在腋芽的上方 0.5~1cm 处，而且切口应向芽的生长反方向倾斜，倾斜的角度为 30°~40°。

春季地栽月季解除防寒物或盆栽月季出房以后，除浇水、施肥、喷药等正常养护管理工作外，要进行一次细致的修剪工作，这次修剪与第一次花开的大小和多少有很大关系。先要剪去干枯枝、细弱枝、病虫枝、伤残枝；嫁接苗要剪除砧木上抽发的萌蘖枝。区别萌蘖枝的方法：一般以多花蔷薇为砧木时，砧木萌蘖枝的叶片常具 7~9 枚小叶，而接穗基部萌发的萌蘖枝通常具小叶 5 枚；砧木萌蘖枝的颜色通常较淡、刺较多。遇到某些多花月季的品种，接穗上的萌蘖芽与砧木上的萌蘖芽相似不易辨认时，可以挖开根边泥土，凡是从接口以下长出的新芽都是砧芽。如果是扦插苗则可用根蘖枝填补枝丛的空缺，也可用来更新老枝，要根据具体情况决定对根蘖枝的取舍。这次修剪实际是越冬前修剪的复剪，每枝留 2~3 个芽，留得过长的要重新剪去。

越冬前修剪时，在北方寒冷地区，往往剪口芽上方留较长的枝头，目的是防止枝头干枯影响剪口芽的生长。在复剪时一定要将过长的枝头剪去，以免影响剪口芽生长的方向。在北京，春季复剪后约 60d 开花，通常情况下，第一批花期在 5 月 10 日至 6 月 10 日。

第一次花后修剪，中等枝条应中截，枝条上保留 3~4 个芽。弱枝要重截，留 1~2 个芽，促萌发壮枝；强枝要轻剪，留 5 个芽，可用开花适当抑制生长，即所谓"强枝轻剪，弱枝重剪"，目的是使株形生长的均衡。

第二次花后修剪要轻，只在残花下第二个五小叶复叶的上面下剪，保留第二个五小叶复叶的腋芽，这个位置的芽是在生长和发育上具有最佳性能的芽，并处于全株的优势地位，剪除此芽会影响下次的花期、花朵质量以及植株的长势。

立秋以后(北京通常在 8 月 15~20 日)要进行第三次修剪，采用中截，每个枝条留 3~4 个芽；为照顾株形平衡，可退至上批开花的枝条上下剪。修剪的过程中要剪除重叠枝、交叉枝、过密枝、徒长枝等，以利于通风透光和株丛匀称、饱满。修剪后要施肥灌水，通常 9 月 25 日左右开花，这次修剪是为了"十一"用花。

每次花后修剪残花是对月季养护中必须进行的一项修剪工作，除要采收种子进行繁殖以外，绝不能让其结实。及时剪除残花能集中养分，保持植株强壮及开花不衰。若不及时去掉残花，紧靠残花下的几个腋芽往往会萌发，形成很弱的小枝，这些小枝既消耗养分又破坏株形，即使能开花，也大多观赏性较差。

我国北方的月季专类园，冬季常需要进行越冬防护，以保证次年能够正常开花，特别是藤本月季、树状月季等受欢迎的类型，每年过冬防寒的工作更不可少。

(1) 根颈部堆土：对耐寒性较强的月季品种。可在灌冻水后，在植株根颈部位覆土，以保持根颈部不受低温和干旱伤害。若枝条受害，根颈部仍可萌发新的枝条，不影响次年生长。

方法：使用草炭土或利用植株周围土壤堆土即可，堆土高度在根颈以上 20~30cm，呈小土堆状，次年将土堆就地散开即可(图 11-2)。

(2) 风障：如果月季所处位置受西北风侵袭，宜搭风障。可以用竹席或无纺布搭封闭式或半封闭式风障对其进行保护，风障往往与堆土相结合(图 11-3)。

(3) 全株包裹：适用于藤本月季，藤本月季需要保持藤茎长度，枝条每年累积生长才能形成良好的景观，若地上部分受冻，则无法保证藤本月季最佳的观赏效果。因此藤本月

图 11-2　月季根颈部堆土

图 11-3　为新植月季搭设风障

季在根颈部位覆土的同时还要保护枝条部分。

　　方法：将藤本月季长枝条固定在花架上，先将月季枝条和花架用彩条布裹紧，将月季所有地上部分全部覆盖，在花架边缘固定后，在彩条塑料布外覆一层绿色防寒布，并绑扎固定(图 11-4)。也可以用草帘、竹席覆盖花架及植株，对防寒要求高的可在外再包裹塑料薄膜。

A　　　　　　　　　　　　　　　　　B

图 11-4　月季全株包裹

A. 藤本月季　B. 丰花月季

　　(4)日光棚：对观赏价值很高、成本高、耐寒性差的树状月季或其他珍贵品种，可以在其集中种植处搭建临时性日光棚。图 11-5 为北京植物园月季专类园冬季临时性日光大棚，棚内以树状月季为主。

图 11-5　北京植物园月季专类园内的日光大棚

2. 牡丹园

　　北京植物园内的牡丹园位于植物园卧佛路西侧，南临温室区，北接海棠枸子园，近百亩的土地上栽种牡丹 4000 多株，280 多个品种；栽种芍药 6000 余株，200 多个品种。这些品种引自山东、河南和甘肃等地，是北京规模最大、品种和数量最多的牡丹园之一。

　　牡丹园的设计采用自然式的手法，因地制宜、借势造园。乔、灌、草复层混交构成植物群落，以原有针叶树为基调树种，保留原有的大树和古树，并把它们有机地组织起来，既保护了古树，又增加了园林古朴高雅的情调。园中地势起伏，高低错落，乔、灌、草的配置步移景异，颇有自然山野之趣。地形的高度变化有利于牡丹肉质根排水，也满足了越冬时小气候和越夏遮阴的需要。牡丹园入口有堆叠的山石和 6 株百年以上的槐树。北侧台地建有六角亭，白玉牡丹仙子雕塑卧于花丛翠竹中。雕塑附近的一组山石，上镌"粉雪千堆"四字。园北部有《牡丹仙子》大型烧瓷壁画，壁画长 17.20m，高 4.3m，厚 1.4m，取材于《聊斋志异》。壁画对面为一座两层阁楼，名"群芳阁"。

(1)牡丹的习性：牡丹原产我国北部和西南、江南的部分地区。肉质根，不耐积水，耐寒喜凉爽干燥的环境，喜肥，喜疏松透气、腐殖质丰富、排水良好的砂土或砂壤土，高温高湿、排水不良和瘠薄的土壤是牡丹死亡或生长不良的重要原因。牡丹喜光，花期时有侧方遮阴，对其开花有利(图11-6)。

图11-6 牡丹侧方遮阴

A. 北京植物园牡丹园　　B. 洛阳国际牡丹园

播种繁殖的牡丹生命周期始于种子萌发，分株和嫁接的牡丹则始于栽种成活。播种苗的生命周期分为幼年期和成年期，幼年期生长较慢，一般历时4~5年(早者2~3年)才初次开花，开花后即进入成年。分株和嫁接的牡丹没有幼年期。青壮年期的牡丹生长最旺，开花多，花色艳丽，花朵大，为最佳观赏期，此期有25~40年。这就是"老梅花，少牡丹"的含义。老年期的牡丹长势弱，开花数量和品质下降，很容易发生空膛秃枝现象。但如果精心养护管理，百年以上的古牡丹仍能枝繁叶茂，花开繁盛。

春季气温回升，牡丹根系开始活动，继而萌芽、展叶、开花。这个过程需50~60d。牡丹单朵花期短而集中。不同品种花期虽长短各异，但大体上单株花期长者7~10d，短者3~5d；群体花期则20~25d。牡丹开花有大小年现象。因此有必要培育早花、晚花和一年多次开花的品种。

夏季气温高，是牡丹花芽分化的关键时期，从初夏(5月下旬至6月中旬)开始至入冬土壤封冻前，牡丹花芽分化一般历时3~8个月。当年生枝中下部叶腋处的芽点不断增大，最终往往发育成混合芽。

秋季是根生长的旺盛时期，根系生长最快，营养物质大量积累，同时新根萌发，移植、起苗时受伤的根系也能够很快恢复。牡丹种子也在此时生根。这就是为什么牡丹在秋季栽种和繁殖的原因。有些品种秋季可以二次开花或萌芽展叶，但花和叶片通常生长不良，称为"秋发牡丹"。

入冬后地温降至4℃以下时，根系生长缓慢，进入被迫休眠状态。一般入冬后0.5cm×0.3cm以上的芽，是第二年能开花的混合芽。冬季牡丹经历了春化作用所需的低温，来年又将开始下一轮年周期。

(2)牡丹园的管理：在牡丹园中，根据牡丹的生物学特性和生态习性，进行科学的栽培养护管理。

①牡丹园选址　选择地势稍高而开敞，并且排水良好之处。需土层深厚、疏松肥沃的砂质壤土或轻壤土。牡丹喜轮作，忌重茬，栽过牡丹的地方需要经过2~3年后方可再栽植牡丹。同时应在栽植前半年施足底肥，将地整平后备用。

②水分管理　薛凤翔《牡丹八书》云："初栽花浇足，以后半月一浇，旱则旬日。水也喜多，亦厌其少，多则烂根，少则枯干。久栽之后，如冬不冻，两旬一浇，不浇亦无害。正月、二月宜数日一浇。三月花有蓓蕾……一二日一浇，夏则亦然。惟秋时不宜浇，浇则芽旺秋发，明年难为花矣。"又云："二月以后，浇如不浇，花单而色减也。"王象晋《群芳谱》载："寻常浇花或日未出或夜既静最要有常，正月一次须天气和暖，如冻未解，切不可浇。"陈淏子《花镜》云："六月尤忌浇，浇则伤根，来年不花。"总结前人在此方面的经验，有以下几点需要注意：

a. 新栽的苗要灌足水，以后根据天气和土壤墒情灌水。

b. 生长季节浇水时间要有规律，夏季宜在早晨或晚上地凉时进行，气温低时则应在中午暖和时浇水。冬季土壤上冻之前灌一次"冻水"，土壤结冻后不浇水。

c. 春季萌芽后，浇水次数逐渐增加，由数日一次，到1~2d浇水一次。尤其华北地区春季干旱，此时更应注意灌水，以保持土壤湿润，否则会"花单而色减"。花后是进行花芽分化的重要时期，要保持适当的水分供应，但不可过多。

d. 盛夏天气炎热、雨水多的地区应控制灌水，水多伤根，来年不开花。

e. 秋天要控制灌水，否则引起芽"秋发"，来年难开花。

f. 雨后及时排水，并挖起受害植株，剪去腐烂的根，经过晾晒根部变软后，再重新栽植。

g. 浇水要注意水质，以雨水、池水为好；河水、井水次之；勿用碱水。

③施肥　牡丹花大叶繁，生长过程中需要大量的营养，特别是在花期和花芽分化期，适时追肥非常重要。但是，通常栽植的当年不施追肥，以后每年施肥3次。

第一次在春天土壤化冻后施用，其目的是补充在越冬时植株内储藏养分的消耗，及时满足枝叶生长和开花时需要的养分，此次肥称"花肥"，以有机肥和磷肥为主。第二次在开花后施用，称为"芽肥"，由于开花结实，体内养分消耗很多，同时牡丹花开后即进入花芽分化时期，需要大量的营养，这次追肥的目的是恢复植株的生长势，保证花芽分化顺利地进行。第三次追肥称"冬肥"，在土壤封冻前进行，这次施肥量较大，常用腐熟的堆肥或厩肥，其目的是补充土壤中的养分，利于植株安全越冬，并为翌年春季萌芽生长准备营养。

追肥多用撒施法，将肥料均匀撒于地面上，随即进行中耕松土，使肥料与表土混匀，然后灌水。也可以沟施或穴施，在植株基部两侧20cm处，挖深约30cm的沟或穴，施入肥料后覆土。"花肥"和"芽肥"多用粪干、饼肥和麻酱渣等精肥。每次施肥后必须灌水，否则适得其反。

④中耕除草　这是牡丹栽培养护重要措施之一。《牡丹八书》云："根下宿草，亦时芸之，勿令芜茂，分夺地力。"意思是要随时除草，以免杂草丛生，通风透气不良，而且消耗土壤中的肥力，影响牡丹的正常生长发育。所以，从春天起，就要按照"除小、除净"的原则及时松土除草，尤其七八月，天热雨多，杂草生长快，更要勤除，一定要将草连根拔出，否则杂草滋生得很快。农谚云："春锄深一犁，夏锄划破皮。"意思是春天中耕宜深，

深度为 10~20cm；夏天锄地主要是为了除草和排湿，故很浅，一般在 5cm 左右。

根据具体情况中耕松土，中耕时以不伤根系为原则。通常近植株的地方浅耕，行间深耕；新栽的牡丹不可深耕。植株旁的土壤"不可踏实"，而要及时松土，以满足牡丹根系对土壤空气的需求。若土壤紧实，则植株生长不良。雨水多时，还常烂根。土壤过湿时，经过松土可加速水分蒸发，而在土壤较干时，松土又可保摘，固持水分。故有"湿地锄干、干地锄湿"的说法。

⑤整形修剪　牡丹整形修剪的目的是使枝条分布合理，树冠通风透光，保持枝势的均衡，使植株生长健壮，花期一致、花朵硕大、颜色鲜艳。主要在休眠期、春季萌芽期和花后进行。

⑥防寒越冬　华北地区牡丹可以露地越冬。越冬前在牡丹枝条上用刷子涂抹石硫合剂，可有效地杀灭树皮缝隙中的病原菌和虫卵，并有利于枝条防寒(图 11-7)。为避免冬春干旱和使之提早萌芽，常在基部培土过冬(图 11-8)。若植株高大，可在植株基部培土，外露的枝条用稻草包裹捆缚。亦可仅基部培土而任上面枝条外露。越冬后如有个别枝条枯死，可用土芽形成的新枝更新。

图 11-7　牡丹园内越冬前病虫害防治

图 11-8　牡丹堆土防寒

在东北、西北等地建牡丹专类园，常会从河南洛阳、山东菏泽等地引进当地的品种，这些品种东北地区定植后的前 3~5 年必须采取措施防寒越冬，如单株捆扎法(图 11-9)、搭建拱棚覆盖法(图 11-10)等。

图 11-9　牡丹单株捆扎法防寒越冬
(吉林长春牡丹园)
(引自《中国牡丹品种图志续志》，
王莲英、袁涛，2014)

图 11-10　搭建拱棚覆盖
(太阳岛牡丹冬季防寒)
(引自《中国牡丹品种图志续志》，
王莲英、袁涛，2014)

捆扎套袋法指入冬前将牡丹枝条(连同未落叶片)聚拢捆扎后用废报纸包裹,可在报纸中填入枯树叶,再将包好报纸的牡丹植株用草帘围严,用塑料绳从下到上系牢,最后把根底部露出的草帘与报纸用土埋实,超过底部捆绳为准。在次年日最高气温为14.8℃,夜最低气温稳定在2.5℃左右时拆除包裹,拆除时间不可过晚,否则会影响开花。同时追施当年第一次有机肥。施肥要在拆包之前,将肥料均匀地撒入垄沟中,再将垄勾平。搭建拱棚覆盖法是指对群植或丛植的牡丹单独搭建拱棚,在拱棚上覆盖数层加厚不透光的防寒保温材料,并在拱棚周围挖排水沟。

东北地区栽植牡丹时,除以上方法外,还可根据自然环境和景观的需要,因地制宜,可稀植其他树木、地被、草坪等,为牡丹生长提供侧方遮阴;或抬高地势、修筑较深的排水沟;栽植地点避免长时间积水、结冰。

我国西北、中原和江南、东北等地都有牡丹园,各有特色,都有其因地制宜的良好养护经验,值得学习。

3. 桃花园

自古以来我国人民就有早春到郊外踏青、赏花的习俗。桃花是代表春天的名花,仲春时节,万花吐蕊,一株红霞妖媚芳菲,是适宜北方的春季花灌木。

1983年北京植物园建桃花园,占地面积4.2hm²,1989年开办桃花节。目前已收集展示观赏桃花60余个品种5000余株,是世界上收集观赏桃花品种最多的专类园之一。

(1)生物学习性:桃花是喜光性很强的小乔木。自然生长时,中干容易衰老。栽培条件下,在苗圃期间就截除中干,培养成自然开心形。桃花萌芽力和发枝力均强。芽具有早熟性,在生长季,枝条可生长2~3次,栽培中可以利用这种多次生长的特性,加速培养树冠与增加分枝级次,以扩大叶面积,促使其早开花。

一般定植2~3年后即可开花,5~6年可进入盛花期,20~25年树势衰退,花量减少。桃花寿命一般较短,常与品种、砧木、土壤、气候和栽培条件等有关。

桃花专类园中,一般会种植桃花系中的直枝类、帚桃类、寿星桃类、垂枝桃类与山桃花系中的杂种山桃类等不同类型的观赏桃。

(2)桃花园的养护管理:

①施肥　专类园中的桃花长期生长在一个地方,长期只吸收此处的养分,会造成土壤供给桃花的营养缺乏。如不及时施肥树体很快衰老,树势下降,容易招致病虫害。长期不施肥管理还会造成只有树冠顶部和外围开少量的花,达不到立体开花的效果,因而大大降低观赏质量。桃花施肥分为基肥和追肥。

基肥　根据桃树根系的分布和活动情况,既要施在根系分布的密集层,便于根系充分地吸收,又要施在土壤稍深处,引根向下生长。一般幼树采用环状沟或弧形沟施肥;成年树采用放射沟或条状沟施肥。

基肥一般以秋施较好,并结合土壤深翻进行。此时温度尚高,施肥时受伤的根能迅速恢复生长,有利于根系对肥料养分的吸收,增加树体营养物质的积累。试验证明,秋施基肥可使来年开花早、花量多。基肥以迟效性的有机肥为主。

追肥　在生长季施用,通常分为花前追肥、花后追肥、花芽分化期追肥和后期追肥。

追肥施用的时期与次数，一般应根据桃花生长状况和土壤质地及栽培目的决定。如果桃花栽植在重点景区，该地土质又差，则基肥和追肥应该都施；如果在风景区栽植，以基肥为主；在土壤轻松、雨水多而流失严重的地方栽植，则可采取多次少量施用。地栽桃花施肥一般比较灵活，如基肥施得充足，花前追肥可以不施。如果施了花前追肥，花后追肥也可以不施。一般的花芽分化期必须追肥，才能保证来年花开得多、开得好。如果准备施基肥也可考虑后期不追肥。总之，应根据具体的实际情况灵活掌握。

如果发现叶片黄绿无光泽，新梢抽生得又短又细弱，说明营养不足，可采用根外追肥。喷 0.3%~0.4% 尿素、1%~2% 过磷酸钙浸出液、0.3%~0.5% 硫酸钾或草木灰浸出液等。也可与病虫防治相结合，在药液中加入 0.3%~0.5% 的尿素喷布。

②水分管理　桃花自萌芽开花到果实成熟需要大量的水分。试验证明当土壤持水量在 20%~40% 时，桃能正常生长，降到 10%~15% 时枝叶萎蔫。萌芽开花期缺水则萌芽不正常、开花很少、坐果率低。新梢与果实迅速生长期缺水则引起新梢变短，落果增多。因此，虽说桃耐旱，在果园为了获得高产，在各生育期必须及时保证水分供给。而对于观赏用的桃花，为了花开得好、开得多、花朵大，在萌芽开花期也必须保证供给足够的水分。

因南北气候不同，桃花灌水的时期有较大的差异。北方春旱，灌水主要在春季和夏季的前期，重点是萌芽期。此时，刚刚经过漫长而降水很少的冬季，土壤含水量很低。所以，春季萌芽前的灌水不可少，而且这次水要灌得深，要渗透到 70~80cm。春季灌水量要足，次数宜少，以免降低地温。因为桃花开花量相当大，消耗水分很多，为了延长开花期，使花色亮丽，花朵大又饱满，一般在开花前应灌水一次。在夏季虽然枝叶生长量大，蒸发量也大，需要很多的水分，但此时各地均为雨季，不需要灌水。在特殊的年份，夏季降水很少，也必须灌水，以满足桃花生长发育的需要。秋季一般不灌水，因为经过多雨的夏季，土壤里保持一定的湿度，一般来说此时桃花不缺水。但在雨水少的年份，也应适当灌水。在冬初（10月下旬至11月中下旬），北京应灌一次"冻水"，这次水一定要灌透，以保证越冬期间树木对水分的需要。如果秋雨多或土壤墒情好，土质较黏，也可以不灌"冻水"。在南方，早春正值梅雨季，土壤中往往不缺水，所以此时通常灌水很少。在少雨地区，应在萌芽前期和花后或新梢旺盛生长期灌水。南方多出现秋旱，在此时一般要灌水。

桃花非常怕涝，涝淹时间长，会很快死亡，雨季必须注意排水。秋雨过多或灌水过量将造成枝条不充实，并易患根腐病。

③土壤管理　土壤管理主要包括中耕除草和地面覆盖两方面内容。中耕常与施肥、灌水相结合，每次灌水后中耕。早春灌水后中耕宜深，为 10~20cm，以利保墒，雨季前将草除尽，以利排水；雨季只除草，不松土。秋耕在落叶前结合施基肥进行，深 30~35cm，靠近树干周围宜浅，约 10cm，由内向外逐渐加深；秋耕时对树干周围适当培土，以保护根颈越冬，减少冻害。在生长季，中耕时要注意不使干基周围地面低洼，以防降雨或浇水时根颈部积水、罹病，这是保证桃花健壮生长发育不可忽视的环节。

地面覆盖的主要目的是防止土壤冲刷，减少尘土飞扬，增加园林景观；同时减少杂草；减少地面蒸发，降低土温，促进有益微生物活动，并增加土壤中有效钾的含量。

覆盖的材料分为有机物和活的植物体。以就地取材、经济适用为原则，如水草、谷草、树叶、树皮、锯末、马粪、泥炭等。杭州将清湖的淤泥埋在树盘上，对桃花的生长非常有利。园林中将草坪上或树旁割下来的草头随手堆于树盘附近，借以进行覆盖。一般对幼龄的树或疏林草地上的树，仅在树盘下进行覆盖，覆盖的厚度通常以3~6cm为宜，过厚对树会有不利的影响。一般均在生长季，土温较高而又较干旱时进行土壤覆盖。杭州历年进行树盘覆盖的结果证明，可以比没有覆盖的树抗旱时间延迟20d左右。同时将覆盖的有机物翻入土中，还可以增加土壤有机质。

覆盖植物是指在树间地面上生长的覆盖地面的植物。可以是紧伏地面的多年生地被植物，也可以是一、二年生的绿肥植物或其他经济或观赏植物。如杭州西堤用二月蓝覆盖桃花林的地面，收到非常好的效果。又如湖南桃花源桃花树下种植很多油菜花，花开时节，鲜黄色的油菜花衬托粉色、红色、白色的桃花，如仙境一般。

用作桃花园的覆盖植物，要适应性强，有一定的耐阴性，覆盖作用好，生长势强，与杂草竞争的能力强，与桃花和其他配景植物矛盾不大，不宜种植有汁液流出和带刺的植物，还必须具有一定的观赏或经济价值。

④整形修剪　观赏桃的整形修剪常仿效果桃的整形方式和修剪方法。但果桃主要是以生产果品食用为主，所以修剪以提高产量、增强品质、延长盛果期年限为主要目的；而观赏桃则以观形赏花，品韵为宗旨，所以在修剪时应与果桃有区别。品种类型不同，所呈现的不同景观效果，因此修剪方法也不同，见本书"实习七　观赏花木冬季修剪"。

二、实习指导

(一)目的

通过对专类园中主栽树木养护管理的调查，加强对专类园植物养护管理的重要性的认识，养护管理不同，树木生长的情况也不同。不同的品种类型，养护要求不同，所呈现的观赏效果也不同。通过对具有代表性的植物群落的调查，进一步巩固植物配置方面的知识，并掌握树木栽植时，树木的规格，如胸径、树高、冠幅与株行距的关系。

(二)时间和地点

4月中旬至5月中旬，当地的植物园中主要专类园，如月季园、牡丹园、桃花园等。

(三)材料与用具

皮尺、钢卷尺、测高仪、比例尺、铅笔、记录本等。

(四)内容与操作方法

(1)调查专类园主栽植物的栽培情况。了解月季、牡丹、桃花等专类园的概况和主要品种类型,明确专类园的设计手法和植物配置特点。

(2)调查各专类园主栽植物的生态习性、形态特征及生物学习性、栽培养护方法。

(3)调查主要配景植物的种类、与主栽植物配置的方式。

(五)作业与思考

(1)完成专类园中主栽树木生态习性、形态特征及生物学习性、栽培养护情况的调查报告。

(2)专类园主要植物群落的实测调查:

调查以小组的形式进行,每个专类园每组调查3~5个群落。每个群落必须包括主栽植物,配景乔木3~4种,灌木5~6种(含绿篱和木本地被)。这些树木的生长情况、株行距、胸径、冠幅、株高、花色、花期等调查结果用表格和图示表示。

(3)思考如何根据主栽树木的生物学特性进行专类园的选址和规划(可以牡丹、月季、玉兰、海棠或桃花等为例)。

实习十二
园林树木周年养护历的制定

一、概述

园林树木的养护管理，在绿化建设中极其重要，人们常说："三分种，七分养"。这个养包括两个方面：一是养护，根据树木不同的生长需要和特定要求，及时采取施肥、修剪、防治病虫害、灌水、中耕除草等栽培技术措施；二是管理，如绿地的清扫保洁等园务管理工作等。

树木周年养护历是一年中对树木养护管理的依据，科学的绿化养护管理，应根据树木的不同时期采取相应的技术措施，才能养护得当。要特别注意的是，园林树木养护管理工作的项目繁杂，各地区情况不同，各树种甚至同品种不同年龄时期差别也很大，树木周年养护历的制定应该建立在系统调研和实践的基础上。如在我国温带地区，12月至次年2~3月绿地管护以防寒越冬、日常保洁为主，3~11月是绿地养护的重要时期。每个绿化单位每年都要根据当地自然条件和物候、环境特点制定周年养护历，并根据具体情况进行修改和完善。

二、实习指导

(一)目的

明确一年中每个月份园林树木养护的主要内容，包括：修剪、土肥水管理、树体伤害防护与修补、移植补植、防寒、病虫害防治。结合撰写"园林树木周年养护调查"课程论文，将养护月历内容贯穿其中。初步掌握园林植物栽培养护的调查及课程论文的撰写方法。初步掌握有关树木栽培养护的基本知识及周年养护历的制定。

(二)时间与地点

调查地点可以在北京某个公园或机关、事业单位、学校、医院等，也可以利用假期在家乡所在地进行。

(三)材料与工具

1. 材料

园林中各类绿地中各种常见的园林树木。

2. 用具

钢卷尺、钢笔、笔记本、照相机等。

(四)内容与操作方法

以小组或个人方式进行调查,调查植物种类不少于 20 种,注意明确养护细节,如浇水、除草、施肥、封冻水和返青水的浇灌时间,杀虫剂的施用时间、浓度、剂量、施用次数,修剪的时期和方法。

(五)作业与思考

(1)园林植物栽培养护调查报告 1 份(包含栽培养护月历)。内容包括:调查目的、调查地点、调查结果、分析讨论和小结。

(2)思考在周年养护中,怎样针对不同年龄时期(青年期、成年期、衰老期)的树木开展重点月份的养护。

参考文献

A. Bernatzky. 1987. 树木生态与养护[M]. 陈自新，许慈安，译. 北京：中国建筑工业出版社.

Brickell，David Joyce. 2006. Pruning & training[M]. Dorling Kindersley Limtied.

Jill D Pokorny. 2002. Urban tree risk management，a community guide to program design and implementation. USDA，Forest Service，Northeastern Area State and Private Forestry.

北京市质量技术监督局. 2009. DB11T 632-2009 北京市古树名木保护复壮技术规程[S].

北京市质量技术监督局. 2014. DB11T 1090-2014 观赏灌木修剪规范[S].

郭学望，包满珠. 2004. 园林树木栽培养护学[M]. 2版. 北京：中国林业出版社.

胡长龙. 2005. 观赏花木整形修剪手册[M]. 2版. 上海：上海科学技术出版社.

胡东燕，张佐双. 2010. 观赏桃[M]. 北京：中国林业出版社.

李碧峰. 2014. 花木整形修剪全书[M]. 增订2版. 台北城邦文化事业有限公司，麦浩斯出版.

李庆卫. 2010. 园林树木整形修剪学[M]. 北京：中国林业出版社.

全国绿化委员会办公室. 2013. 古树名木复壮养护技术和保护管理办法[M]. 北京：中国民族摄影艺术出版社.

王莲英，袁涛. 2015. 中国牡丹品种图志(续志)[M]. 北京：中国林业出版社.

吴泽民，何小弟. 2009. 园林树木栽培学[M]. 2版. 北京：中国农业出版社.

勇伟，马燕. 2012. 北京绿化常用月季栽培和养护技术[M]. 北京：中国林业出版社.

张秀英. 2000. 桃花[M]. 上海：上海科学技术出版社.

张秀英. 2012. 园林树木栽培养护学[M]. 2版. 北京：高等教育出版社.

中国风景园林学会园林工程分会，中国建筑学会古建筑施工分会. 2008. 园林绿化工程施工技术[M]. 北京：中国建筑工业出版社.

中华人民共和国住房和城乡建设部. 2012. CJJ 82-2012 园林绿化工程施工及验收规范[S]. 北京：中国建筑工业出版社.

中华人民共和国住房和城乡建设部，中华人民共和国国家质量监督检验检疫总局. 2016. GB 51192-2016 公园设计规范[S]. 北京：中国建筑工业出版社.